UNIVERSO DA CIÊNCIA

A nova física. A biologia. A cosmologia.
A genética. As novas tecnologias.
O mundo quântico. A geologia e a geografia.
Textos rigorosos, mas acessíveis.
A divulgação científica de elevada qualidade.

UNIVERSO DA CIÊNCIA

1 — Deus e a Nova Física — *Paul Davies*
2 — Do Universo ao Homem — *Robert Clarke*
3 — A Cebola Cósmica — *Frank Close*
4 — A Aventura Prodigiosa do Nosso Corpo — *Jean-Pierre Gasc*

A AVENTURA PRODIGIOSA DO NOSSO CORPO

Título original: *La prodigieuse aventure de notre corps*
© Hachette, 1981
Tradução de Pedro Jordão
Capa de Jorge Machado Dias

Todos os direitos reservados para a língua portuguesa
por Edições 70, Lda., Lisboa — PORTUGAL

EDIÇÕES 70, Lda., Av. Duque de Ávila, 69 r/c Esq. — 1000 Lisboa
Telefs. 57 83 65 / 55 68 98 / 57 20 01
Telegramas: SETENTA
Telex: 64489 TEXTOS P

Esta obra está protegida pela Lei. Não pode ser reproduzida,
no todo ou em parte, qualquer que seja o modo utilizado;
incluindo fotocópia e xerocópia, sem prévia autorização do Editor.
Qualquer transgressão à Lei dos Direitos de Autor, será passível
de procedimento judicial

Jean-Pierre Gasc

A AVENTURA PRODIGIOSA DO NOSSO CORPO

edições 70

Jean-Pierre Gasc

A AVENTURA PRODIGIOSA DO NOSSO CORPO

edições 70

INTRODUÇÃO

Era uma vez um animal estranho, recoberto de uma carapaça que o tornava semelhante às máquinas dos romances fantásticos, que aspirava o lodo dos fundos e se deslocava esporadicamente graças aos impulsos de um apêndice terminal. Se um mau encontro ou um acidente conseguiam romper o seu escudo protector, as carnes putrefaziam-se e verificava-se que era sustido interiormente por uma espécie de eixo articulado. Mas «quem» verificava? Ninguém, na realidade, pois este animal constituía o protótipo de uma longa série de seres que, integrados no mesmo plano geral, o dos vertebrados, iriam assinalar a história recente da vida até ao aparecimento do homem — o seu descendente afastado que poderia contar a história toda.

A história deste tipo de organização é proposta ao leitor a partir do seu próprio corpo, considerado como uma mensagem a decifrar à luz dos outros seres vivos do mesmo grupo. Este último tem atravessado o tempo revelando adaptações sucessivas, transformações importantes que, não obstante, tiveram sempre de conservar uma eficácia global suficiente para a perpetuação das espécies, assegurando a conquista do maior número de meios e um aumento da autonomia face aos constrangimentos exteriores.

Seria difícil seguir uma ordem cronológica para descrever a história dos nossos órgãos. Que significa, com efeito, determinar qual deles é o mais antigo? A bem dizer, têm todos a mesma idade, uma vez que resultaram de uma transformação de conjunto. Por outro lado, é possível encontrar uma ordenação cuja lógica seja conduzida pela noção de relação, fundamental em biologia. Relação com o meio exterior, relação interna das partes do organismo e integração das diversas relações. Este plano geral permite recuperar a ordem aproximada dos elementos que, sucessivamente, foram adquirindo importância ao longo da evolução dos vertebrados. Estes elementos especializados, ou órgãos, reflectem o que se pôde chamar a divisão do trabalho fisiológico. Esta divisão assenta na diferenciação das células, repetida em cada geração como no dealbar da vida dos primeiros seres pluricelulares. Na realidade, à medida que desenvolvemos o nosso conhecimento da estrutura e funcionamento do organismo, o sentido da palavra «órgão» evoluiu. Para simplificar, empregá-lo-emos no sentido aproximado de elemento ligado a um tipo geral de relação externa ou interna.

Esta conjunção de órgãos do corpo humano evoca a imagem das máquinas construídas pelo homem. Basta percorrer a literatura respeitante ao corpo e ao seu aperfeiçoamento para ver que, desde a Antiguidade até aos nossos dias, os autores mais eminentes cederam a esta tentação de tomar como termo de comparação as energias da época — hidráulica, mecânica, depois térmica. Esta concepção do corpo-máquina é tão profunda que certos espíritos seguiram o percurso inverso: procurar nos dispositivos vivos os planos acabados de máquinas a construir. Os casos de Leonardo de Vinci, que se assumia tanto como engenheiro como anatomista, e o de Borelli, médico e matemático, são paradigmáticos a este respeito. Os seus projectos de máquinas voadoras ou submarinas derivam do estudo anatómico e funcional dos animais aéreos e aquáticos. Não esqueçamos, por outro lado, que a ciência dos autómatos, a cibernética e todas as aplicações daí derivadas devem muito, na origem, às pesquisas de modelos para os fenómenos de regulação fisiológica.

Refazer o que existe em redor do homem — é o velho mito de Prometeu. É também a necessidade de cortar o Mundo em fatias para melhor o apreender pelo pensamento e agir sobre ele. O esquartejamento organizado em que consiste a anatomia participa desta necessidade, repetida pela criança que desmonta o brinquedo. Talvez não seja absurdo conceber uma relação entre as actividades de caça dos nossos ancestrais e o nascimento da anatomia comparada, e até entre o canibalismo e a cirurgia.

A psicologia infantil ensina-nos tembém como, pouco a pouco, cada indivíduo faz a descoberta do seu corpo, aprendizagem indispensável a uma maturação psicomotriz e psicológica. As diversas partes do nosso organismo começam por ser objectos de que nos apropriamos; é o princípio da descoberta do Mundo e é também o reconhecimento de nossa unidade individual. Há, efectivamente, uma contradição aparente entre a verificação de que o corpo é feito de partes mas que nem por isso deixa de constituir uma entidade. Os conflitos entre os órgãos foram, durante muito tempo, considerados a causa das doenças. A fábula dos membros e do estômago, retomada por La Fontaine nas fontes antigas, é reflexo disso. Em que reside, então, esta unidade? Todas as culturas avançaram as suas interpretações, cristalizadas na nossa, no século XVIII, pelas correntes opostas do espiritualismo e do materialismo mecanicista. Apesar dos esforços deste último para passar à fase experimental, dificilmente se libertou das concepções escolásticas, puramente especulativas, sendo os organismos considerados de um ponto de vista estático, nos limites da sua existência instantânea, fora da dimensão temporal simultaneamente individual e colectiva. Foram os avanços dos nossos conhecimentos no campo do desenvolvimento (embriologia) e da história (anatomia comparada e paleontologia) que situaram o problema em bases mais realistas, revelando a plasticidade e o dinamismo da construção e disposição dos órgãos nos seres vivos.

Enquanto, antigamente, o corpo aparecia como um catálogo de órgãos definidos por funções individuais, as primeiras tentativas de anatomia comparada consistiram em colocar lado a lado, órgão por órgão — não sem uma certa audácia, dado o contexto ideológico — os órgãos do homem e dos animais. Quando Belon, em 1655, representa na mesma posição um esqueleto de pássaro e o de um homem, exprime a noção de uma homologia geométrica entre as partes do esqueleto. Quando Tyson, em 1699, efectua, em Londres, a dissecção de um chimpanzé, conclui que este animal é o que mais se aproxima do homem. Mas o passo essencial foi dado com a ideia do plano de organização, isto é, de uma disposição das partes em obediência a relações recíprocas. Sob esta forma, ressurgia, aliás, uma velha ideia expressa por Platão, talvez influenciado por correntes orientais. A escola alemã de anatomia filosófica deu o melhor de si própria quando Goethe formulou a primeira interpretação de conjunto do crâneo dos vertebrados. A partir daí já não se tratava de comparar órgãos, mas das modalidades diferentes de um mesmo plano. Perdia valor a relação obrigatória órgão-função, uma vez que órgãos diferentes podiam desempenhar as mesmas funções em animais diferentes, o que abria caminho à ideia da passagem de um plano a outro, ao transformismo. Neste ponto, duas escolas iriam defrontar-se vigorosamente no mesmo estabelecimento, o Museu de História Natural, num debate que ultrapassou largamente o mundo científico, como dá testemunho a introdução de *A Comédia Humana*, de Balzac. Para Georges Cuvier, a unidade do organismo é realizada por correlações precisas, demasiado precisas para que uma modificação ponha em causa a sua viabilidade. Para Étienne Geoffroy Saint-Hilaire, que desenvolve uma parte das ideias de Jean Lamarck, a unidade é o resultado obrigatório (para sobreviver) das tendências internas de transformação ocasionadas pelas modificações do meio exterior; a manutenção da unidade realiza-se pela existência de relações estritas, as conexões, no interior das quais intervêm fenómenos de compensação. Se os factos davam razão a Cuvier em 1830, negaram-lha alguns anos mais tarde. Com efeito, a descoberta, em camadas superficiais da crosta terrestre, de restos fósseis de formas animais desaparecidas confirmou a realidade de uma evolução gradual dos seres, sobretudo quando se tratava de formas «quiméricas», em que se misturavam várias organizações conhecidas nos animais actuais. Foi o caso do arqueoptérix, meio réptil, meio pássaro. Por outro lado, a publicação do estudo do desenvolvimento dos embriões permite revelar que a construção de um organismo se efectua por transformações graduais, sem fazer perigar a sua existência, e que, nos primeiros estádios da embriogénese, os vertebrados parecem assemelhar-se independentemente da sua forma adulta.

Pela mesma altura, Claude Bernard lançava as bases de um método que permitia analisar as principais funções do organismo, isolando certos sectores, de acordo com as necessidades da experiência, sem lhes afectar a unidade. Tornou-se, então, possível apreender na sua realidade material as relações internas que presidem ao funcionamento unitário do corpo. E quando Darwin propôs uma sólida teoria geral explicativa, as ciências da vida entraram numa nova era.

Em relação a todos os pontos postos em evidência pelos pioneiros, o nosso conhecimento fez progressos enormes. Simples intuições tornaram-se verdadeiros ramos da ciência, como é o caso dos processos químicos no funcionamento da evolução dos seres vivos. As relações dos organismos entre si e com o meio, os mecanismos genéticos da adaptação das populações, o determinismo da construção de um organismo — são outras tantas abordagens do mesmo assunto que, nos nossos dias, possuem o seu método próprio, as suas hipóteses e, frequentemente até, a sua linguagem.

As ciências biológicas progrediram de uma maneira considerável graças a um alto grau de especialização e a uma tecnologia apropriada aos diversos níveis de abordagem. Assumem uma posição de primeiro plano surgindo ligadas ao futuro da espécie humana e sofrem também a inevitável utilização das suas hipóteses para fins que lhes são estranhos, como sempre tem acontecido com os conhecimentos considerados necessários por uma época. Muitas vezes, a necessidade de aprender recorrendo directamente às fontes colide com a existência de estruturas próprias do período de ultra-especialização, e o leigo acaba por se afastar do mundo da investigação, que lhe aparece como um agrupamento de castas rivais, uma torre de Babel de onde não emana qualquer mensagem global, coerente, à imagem do próprio sujeito, o ser vivo. Por esta razão, constitui empresa perigosa tratar, apenas com palavras, da história dos nossos órgãos, e pretender continuar dentro dos limites da compreensão dos leitores estranhos à prática das ciências da vida. Trata-se de fazer apelo a dados adquiridos em especialidades muito diversas, de proceder a aproximações e generalizações que, inevitavelmente, darão lugar a omissões que alguns julgarão imperdoáveis.

Este livro foi concebido com o espírito de síntese que caracteriza daquilo que sempre se chamou história natural. As informações pormenorizadas limitam-se a certos aspectos fundamentais da estrutura orgânica, mas o objectivo essencial é a descrição das grandes trajectórias que, de transformação em transformação, conduziram ao homem biológico. O plano seguido obedece a uma simplificação do sistema representado pelo organismo em luta com o meio.

I

A PELE

Como muitas vezes acontece, a linguagem corrente traduz uma verdade quando, em expressões como «ter amor à pele» ou «salvar a pele», associa a ideia de integridade física e de manutenção da individualidade ao nosso «revestimento» natural. Não se trata de uma simples veste, uma espécie de invólucro passivo; bem pelo contrário, trata-se de um conjunto complexo cujas funções múltiplas e essenciais derivam do papel muito particular da superfície dos seres vivos, aos quais vamos inicialmente consagrar algumas reflexões.

As condições de aparecimento dos sistemas vivos

Entre as numerosas culturas que se sucederam e de que conservámos a traça, tal como entre as culturas contemporâneas, não existe provavelmente nenhum exemplo em que não figure um mito destinado a satisfazer a curiosidade dos homens quanto à origem dos seres. A abordagem científica desta questão, depois de se ter furtado às concepções tradicionais pretensamente definitivas e institucionais, propôs sucessivamente imagens muito diferentes da «paisagem» primordial. Era preciso, com efeito, começar por adquirir um conhecimento suficiente das condições necessárias à passagem de ser organizado a ser vivo, e das formas de vida mais antigas, encontradas sob a forma de restos fósseis. Entre as imagens que constituem o repositório dos mitos, havia a da «floresta primitiva», que se encontra, por vezes, na pena ou nos comentários de jornalistas contemporâneos, após algumas investigações efectuadas na Amazónia. Na realidade, tudo ou quase tudo é moderno na imensa floresta da América do Sul, embora o homem a percorra há cerca de trinta mil anos. E que temos tendência para considerar «antediluviano», pré-histórico, primitivo, contemporâneo das origens, tudo o que é estranho ou difícil de compreender, quando afinal a planta ou o animal contemporâneo, são, tanto como nós, produto de uma história. Neste imaginário simplista, a floresta original foi substituída pelos oceanos. Desde o fim do século passado, lá se têm procurado os vestígios de vida mais simples dos seres esquecidos pela evolução. Os trabalhos de oceanografia permitiram, e permitem ainda, alargar o nosso conhecimento das formas vivas e da capacidade de adaptação às condições muito particulares dos grandes fundos; contudo, sempre pela mesma razão, tem sido infrutífera a pesquisa, na natureza actual, dos seres que testemunham as origens. O problema só foi abordado de maneira eficaz com os progressos da química dos seres vivos na pesquisa das condições de base do funcionamento vital. À falta de testemunhos materiais, estamos na posse de hipóteses físico-químicas que as experiências têm vindo a confirmar parcialmente. As paisagens e a hipótese daí decorrentes têm uma escassa relação com os produtos da nossa imaginação.

Esta hipótese compreenderia cinco sequências, da formação do planeta Terra até à época em que algumas «protocélulas» teriam adquirido a capacidade para originar outras com as mesmas propriedades químicas de assimilação de substâncias estranhas. O estudo dos meteoritos, das rochas mais antigas da crosta terrestre, da própria estrutura do nosso globo e da composição dos elementos do sistema solar permitiu avaliar em quatro biliões e meio de anos a consolidação da Terra. Ora, nas rochas datadas de três biliões e meio de anos, encontram-se microrganismos fósseis. Foi neste bilião de anos que se reuniram condições para o aparecimento da vida. Nada era então semelhante ao mundo de hoje, nem sequer a composição e a distribuição dos estados sólido, líquido e gasoso. A Terra, de pequenas dimensões e relativamente próxima do Sol, tinha deixado escapar os elementos leves e voláteis, o oxigénio estava aprisionado nos minerais, a água existia sob a forma de vapor. O arrefecimento progressivo certamente provocou a formação dos oceanos e de uma atmosfera bastante insólita: vapor de água, metano, gás carbónico, óxido de carbono, amoníaco e gás sulfídrico — o suficiente para nos matar em poucos segundos. E, no entanto, foi a partir destes elementos que se dispuseram os primeiros tijolos do edifício orgânico, sob um céu negro, riscado por poderosas descargas eléctricas, fustigado pela onda de choque dos meteoritos, obscurecido pelos jactos de vapor, num ambiente submetido, ao mesmo tempo, às radiações de um Sol ainda jovem e das rochas fortemente radioactivas. Estas condições, reproduzidas experimentalmente por Miller e Urey há mais de vinte e cinco anos, revelam que uma quantidade importante de corpos químicos considerados até então como produtos exclusivos dos seres vivos, particularmente dos ácidos aminados, podiam ser sintetizados. Voltava assim à ordem do dia a hipótese de Oparine e Haldane, de uma fase abiógena* do aparecimento da vida. Estes compostos primordiais ter-se-iam, em seguida, encadeado segundo as reacções de polimerização, bem conhecidas dos bioquímicos. A energia necessária para estas sínteses teria sido, no início, fornecida directamente pelo meio exterior, como numa retorta aquecida, e depois por substâncias novas, providas de ligações (duplas ou triplas), cuja ruptura liberta energia muito menos brutalmente. Assim, teria sido criado um primeiro elo entre a energia bruta exterior, incompatível com a manutenção da estabilidade de corpos complexos, e a necessidade de uma «moeda de troca» de energia característica dos frágeis seres vivos. Neste papel de intermediário energético, os organo-fosfatos tiveram, ao que parece, a exclusividade. A água, presente em todo o lado, constituía simultaneamente uma vantagem, pelas suas propriedades dissolventes e, portanto, de aproximação dos corpos, e um inconveniente, porque a polimerização tem como reacção inversa a hidrólise, ruptura das moléculas complexas pela adição de água. A conservação dos primeiros polímeros supõe, por conseguinte, que se tenham acumulado num local preciso, suficientemente hidratado para assegurar a sua «alimentação» como corpos simples, polimerizados em seguida. Certas argilas folheadas poderiam perfeitamente ter constituído este ninho protegido mas não fechado, proporcionando uma superfície considerável com um volume exíguo. Oceanos ou lagunas? A questão continua em aberto. Os primeiros oferecem, às hipóteses, a vantagem da sua imensidão, portanto, a possibilidade de uma difusão sem limites das primeiras formas moleculares de vida; as segundas, ao contrário, assemelham-se mais à retorta onde as experiências naturais se

---

* Os termos seguidos de um asterisco são comutados num léxico, no fim do livro.

multiplicam e onde reina uma alternância das condições de hidratação e de temperatura.

Nesta fase surge um ponto fundamental ligado à evolução: o seu carácter único, selectivo e direccional. Com efeito, os bioquímicos são capazes de fabricar muito mais substâncias que as exibidas pela matéria viva; e, por vezes, conhecem-se, para uma mesma substância, duas formas moleculares que se apresentam no espaço como um objecto e seu reflexo, sendo uma só forma utilizada no mundo vivo. É o caso dos ácidos aminados naturais, constituintes de base das proteínas, que desviam todos a luz polarizada para a esquerda (série L). Da mesma maneira, a espantosa identidade de algumas reacções químicas que estão na base do funcionamento vital permite-nos pensar que, na sequência de múltiplos ensaios que ficarão para sempre para além do nosso conhecimento, uma única solução prevaleceu e serviu de ponto de partida para a diversificação ulterior dos seres vivos. Esta observação vem confirmar a hipótese de uma radiação a partir de um ponto único, ou pelo menos particular nestas condições físico-químicas, antes de se expandir em todo o volume disponível. Posteriormente, todas as formas menos eficientes na utilização das matérias orgânicas brutas tiveram de ser eliminadas. A chave deste fenómeno parece consistir na convergência, num mesmo conjunto, das seguintes condições: reunião de substâncias capazes de reagir para formar corpos complexos, isolamento relativo do meio para manter uma identidade e, não obstante, manutenção de trocas com o exterior. Tudo isto supõe, por conseguinte, propriedades particulares da membrana — fronteira entre o interior e o exterior. A última fase da hipótese é atingida então: moléculas gigantes proliferam conservando as suas propriedades iniciais. Trata-se de sistemas vivos.

A partir do momento em que estes sistemas integraram substâncias capazes de captar a energia das radiações luminosas e de a libertar «lentamente» para prover à necessidade de sínteses autónomas, foi transposto um obstáculo considerável. Daí resultou a explosão das formas vivas, já que estas saíram do impasse determinado pelos limites quantitativos das substâncias de base nascidas de maneira abiógena, sob o efeito aleatório, e sem dúvida cada vez menos eficaz, dos acidentes físico-químicos. A vida passou do estádio de consumo ao da produção. A Terra começava a envelhecer enquanto corpo físico e as rédeas eram tomadas pela vida. Consequência importante seria, depois, a libertação de oxigénio gasoso na atmosfera, como subproduto do funcionamento desta segunda geração de sistemas vivos, chamados «autotróficos»* porque se nutriam directamente da atmosfera, da água, dos sais minerais e do Sol. Estas bactérias e algas microscópicas, cujos descendentes permanecem ainda hoje na base do edifício vivo, permitiriam o arranque de uma nova série de ciclos químicos: a das oxidações no mundo mineral e no mundo orgânico. A própria face do planeta transformar-se-ia em consequência disso.

Um problema de fronteira

Os seres vivos são delimitados por uma superfície, ou geometricamente inscritos num volume; este é definido por dimensões que se medem a partir de pontos da superfície. Esta superfície sofre os ataques dos agentes do mundo exterior, do mesmo modo que um objecto metálico se oxida ou que uma rocha se esboroa à superfície. Limite físico, a superfície é também, por conseguinte, um alvo para o ambiente circundante do objecto. No caso do ser vivo, o «revestimento» é ainda outra coisa bastante diferente. Com efeito, se quisermos identificá-lo a um modelo físico, referir-nos-emos aos sistemas abertos: a vida supõe uma constante corrente de trocas; os seres não são vivos se não forem atravessados por substâncias cuja transformação química fornece a energia e os materiais elementares que lhes permitem reproduzir quase indefinidamente a sua própria substância, as suas próprias qualidades. Poderiam comparar-se aos tonéis furados, para os quais há que fazer gotejar, continuamente, uma torneira para manter o nível. Esta imagem é, evidentemente, simplista: na realidade, trata-se de uma corrente de transformações, durante as quais foram elaboradas substâncias muito complexas, submetidas ao jogo subtil das transferências de energia. Seja qual for o grau de evolução do organismo, desde a bactéria até aos vertebrados, o funcionamento vital faz-se por intermédio da superfície de contacto entre dois sectores, o organismo e o meio. É por isso que a nossa pele não constitui apenas um revestimento mas também uma fronteira. É uma fachada que reflecte mais ou menos claramente o funcionamento geral, recolhendo as informações necessárias ao ajustamento imposto pela instabilidade das condições exteriores.

A pele não é, pois, um órgão simples mas um verdadeiro sistema com uma longa história: a dos vertebrados, cujos mais antigos vestígios conhecidos são precisamente fragmentos do revestimento.

Uma origem dupla

Esta pele a que damos tanta importância é formada pela reunião de duas camadas diferentes. Necessário se torna recordar, a este propósito, que o embrião, enquanto não passa de um minúsculo botão engastado na parede do útero materno, pelo sétimo dia mostra uma divisão das suas células em duas camadas distintas: o endoblasto* e o ectoblasto*.

Esta fase das duas camadas evoca assim a organização de animais simples como as medusas e as hidras, cujo desenvolvimento se efectua na totalidade a partir destas duas categorias de células embrionárias. Na maior parte dos animais, uma terceira divisão, o mesoblasto*, aparece desde o embrião, e a construção posterior do organismo efectua-se de maneira mais complexa, não só porque o nível de diferenciação celular é o mais elevado desde o início mas também porque há um maior número de combinações possíveis entre as categorias de células inicialmente presentes. Assim, na terceira semana de vida embrionária, cava-se na superfície ectoblástica um sulco, a linha primitiva, sobre cujos bordos as células penetram e migram para se distribuírem entre o ectoblasto, donde saíram, e o entoblasto subjacente. É no curso deste movimento de células que se desenha o eixo ântero-posterior do futuro organismo, e a acção dos tecidos formados na sua vizinhança vai desencadear, através de fases sucessivamente determinadas, a colocação dos órgãos.

As células mesoblásticas desempenham um papel eminente neste mecanismo de organização. Formando um órgão embrionário, o cordo-mesoblasto*, que corre por baixo deste sulco a partir do qual se fez a sua penetração, dão ao embrião a orientação geral do seu plano: um lado dorsal, uma lado direito, um lado esquerdo, e a curto prazo, pela condensação celular em pequenos aglomerados regularmente dispostos ao longo do cordão dorsal, os somitas*, a segmentação transversal cuja importância evolutiva veremos adiante. Desde logo, um princípio de diferenciação aparece entre as células: já não se assemelham totalmente de um sector ao outro, e cada categoria, segundo o plano ditado pelo código genético contido no núcleo celular, começa a funcionar segundo a sua própria norma e secundariamente desencadeia a diferenciação das camadas vizinhas. O mínimo desvio do código genético ou da sua «leitura», o mínimo agente físico ou químico capaz de alterar os factores em presença, pode então criar alterações irreversíveis que se traduzirão, ao fim e ao cabo, em malformações muitas vezes irremediáveis. Estes mecanismos de realização das grandes linhas estruturais são idênticos nos vertebrados e, sobretudo, no seio de um grupo de formas animais com forte parentesco evolutivo, como é o caso dos mamíferos. Esta a razão porque o estudo experimental do desenvolvimento de animais em laboratório nos permitiu compreender a prevenir certas anomalias da embriogénese humana, atribuídas, outrora, aos caprichos da natureza.

Nos primeiros estádios, o embrião encerra-se num microcosmo. Nessa altura, é difícil definir uma superfície limitadora. É um pouco como uma fita de Möbius. Esta fita, enrolada sobre si mesma depois de ter sofrido uma tensão de uma volta, já não apresenta, paradoxalmente, mais do que uma só face ao dedo que a percorre, havendo uma continuidade entre avesso e direito.

Mas, próximo do vigésimo sétimo dia o embrião está bem fechado sobre si próprio. Encerrado num tubo o futuro sistema nervoso central, derivado também da superfície, pode falar-se então de um revestimento «exterior». Trata-se ainda de uma camada ectoblástica unicelular. No decurso do terceiro e quarto mês, uma fracção do tecido mesoblástico emigra dos maciços regularmente dispostos dum lado e doutro do eixo longitudinal, que tinha contribuído para formar, para a periferia, e dirige-se para a face interna do ectoblasto, cujas células se dispõem em diversas camadas: a pele constitui-se com estas duas partes principais, a epiderme e a derme. Através das modificações reveladas por cada uma destas duas partes nos diversos grupos animais, poderemos seguir não só a história do revestimento, mas também as relações contraditórias de trocas e de protecção entretecidas pelo organismo e o seu meio ambiente.

A epiderme

Antes, porém, terminemos a descrição da formação da pele humana. A epiderme, derivada do ectoblasto, caracteriza-se fundamentalmente pela sua capacidade de regeneração contínua. A sua superfície exterior vai sofrer, de modo incessante, as acções exteriores (e, já no embrião, a acção macerante do líquido amniótico): as suas células achatadas vão sendo progressivamente substituídas por novas unidades a partir de uma camada mais profunda: basal e germinativa. Estas duas camadas aparecem desde o segundo mês. A seguir, a epiderme espessa-se em consequência da lentidão de maturação das células que sofrem uma transformação importante:

O EMBRIÃO

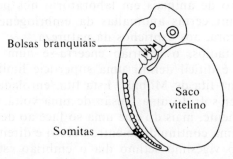

PEIXE
(peixe miúdo)

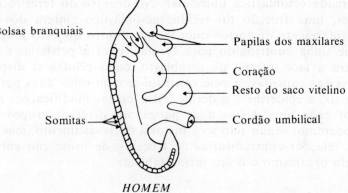

HOMEM
(terceira semana)

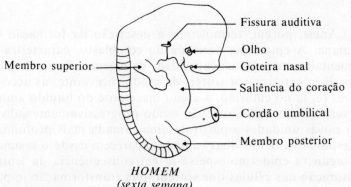

HOMEM
(sexta semana)

a queratinização*, pela qual se carregam de uma substância resistente, impermeável, exactamente a mesma que constitui a córnea — a queratina.

Podem distinguir-se quatro camadas principais, correspondentes a quatro fases sucessivas de maturação: a camada germinativa, onde são frequentes as divisões celulares; a camada espinhosa (ou camada de Malpighi, anatomista do século XVII), onde as células, que continuam a dividir-se, se ligam entre si por uma espécie de pontos fibrilares (desmosomas*); a camada granulosa, assim designada porque, nas células que a compõem, aparecem pequenos grãos de querato-hialina*, o percursor da queratina; finalmente a camada córnea, formada por uma sobreposição de células cujo núcleo desaparece, é a parte morta mas também a mais resistente mecanicamente. É claro que esta divisão pode ser aperfeiçoada, uma vez que, consoante as regiões do corpo e as espécies animais, podem variar a velocidade de divisão celular, da carga progressiva de queratina e da rejeição das células mortas (descamação). Assim, no homem, a renovação celular é tanto mais rápida quanto menos espessa for a epiderme. Efectua-se em dezassete dias no braço, mas em trinta e seis ao nível da palma da mão, pelo que é mais fácil distinguir neste último nível, como na planta do pé, uma camada particular, a camada clara *(stratum lucidum)*, onde se processa a degenerescência dos núcleos celulares e a transformação da querato-hialina em eleidina*. A actividade mitótica* da pele, isto é, o número de células que entre si se dividem por mil, é importante: de um a um e meio. Foi possível notar que esta actividade varia consoante as regiões do corpo, mas também consoante as horas, situando-se o máximo cerca das dez horas da noite.

Durante os três primeiros meses, a epiderme é colonizada por células provenientes dos bordos do sulco do ectoblasto que, ao fechar-se, vai formar o tubo nervoso, primeiro esboço do eixo cérebro-espinal. Estas células saídas da crista neural têm um aspecto particular: o corpo celular prolonga-se em todos os sentidos por uma espécie de protuberâncias muito finas e em forma de arborização: os dentritos*. Infiltradas no tecido epidérmico, não tardam a fabricar um pigmento, a melanina*, que é distribuído às células vulgares pelos seus prolongamentos dendríticos. Evoluem, então para melanoblastos*, ou células responsáveis pela pigmentação da pele.

É no decurso do mesmo período que as proliferações epidérmicas plenas vêm perturbar a disposição estratificada, afundando-se perpendicularmente até à derme subjacente, onde cada uma destas proliferações dá lugar a uma cavidade que se torna o bolbo piloso.

Assim se formam os pêlos que aparecem, primeiro, ao nível das sobrancelhas e do lábio superior. Aos cinco meses, o feto é muito mais peludo que um homem adulto. Há cerca de três vezes mais folículos pilosos na cabeça e vinte vezes mais nas costas e no peito. O mesmo se passa em relação ao feto de chimpanzé da mesma idade. Trata-se na verdade, de uma penugem fina, o lanugo*, que cai no momento do nascimento para ser substituído em seguida, e esta extraordinária pilosidade embrionária dá-nos talvez uma indicação quanto ao aspecto dos primatas ancestrais de que saiu a família humana.

O folículo piloso, no momento da formação, mostra um pequeno divertículo que penetra no tecido situado sob a epiderme. Estas células não tardarão a elaborar uma secreção particular, o sebo. A distribuição das glândulas sebáceas sobre o corpo é desigual; são mais abundantes na face e na parte ventral do tronco. Este conjunto epidérmico funciona activamente no decurso do desenvolvimento embrionário e, à nascença, a pele apresenta-se recoberta de um verdadeiro verniz protector chamado *vernix caseosà**, que é constituído por uma mistura de células mortas e de secreções sebáceas. Por vezes, a epiderme sofreu um excesso de queratinização, de sorte que a pele do recém-nascido parece escamosa (ictiose*).

A derme

A derme é formada a partir de células mesoblásticas vindas secundariamente até à periferia do corpo no momento em que, no mesoblasto, se efectua uma diferenciação da qual resultarão também o tecido da trave mestra, a coluna vertebral, e as principais massas de músculos motores. Desde a formação, a derme aparece como um tecido subtil, elástico e nutritivo. Pela camada superficial (córion), isto é, aquela que está em contacto com a camada basal da epiderme, emite relevos irregulares ou papilas, nas quais vai circular um pequeno capilar sanguíneo, e uma terminação nervosa sensível. Na epiderme havíamos sobretudo encontrado estruturas de protecção contra o meio ambiente; na derme encontramos elementos provenientes das profundezas do organismo, portadores da energia necessária à camada germinativa da superfície e que levam informações para os centros nervosos.

Na parte de baixo, a derme enriquece-se com fibras conjuntivas e elásticas que se desdobram em todos os sentidos, criando uma feltragem de propriedades mecânicas notáveis, só igualadas por produtos sintéticos recentes. São estas camadas profundas, percorridas por grossas fibras e pobres em vasos sanguíneos, que constituem, nos animais, o couro, cujas aplicações múltiplas os homens souberam reconhecer universalmente. Com efeito, este tecido composto principalmente por elementos fibrosos pode facilmente tornar-se imputrescível.

Finalmente, a hipoderme, a camada mais profunda, recolhe numa feltragem frouxa as reservas de gordura, que dão à pele a flexibilidade às pressões e lhe conferem propriedades isolantes no plano calórico. Esta camada, o panículo adiposo*, não se constitui antes dos dois últimos meses de gravidez. Algumas fibras musculares de tipo particular, as fibras lisas, percorrem a derme dando mobilidade aos pêlos ao agirem sobre o bolbo piloso. Estas fibras são importantes para o mamilo do seio, bem como para os órgãos genitais externos.

Pode dizer-se que a epiderme se molda sobre a derme. É assim que as papilas dérmicas, que se não dispõem ao acaso mas desenham cristas regulares, em particular no tegumento da palma da mão, são responsáveis pelos vincos da epiderme e pelos desenhos daí resultantes. Estas linhas formam-se muito cedo no embrião e acompanham o crescimento sem que o seu traçado se modifique. Determinadas geneticamente, traduzem de maneira notavelmente precisa a identidade do indivíduo, por uma simples análise da polpa dos dedos. As anomalias genéticas, como o mongolismo, traduzem-se por uma alteração destes desenhos, ou dermatóglifos digitais.

Mas o homem não é o único a revelar assim a sua identidade. Em todos os mamíferos cuja superfície corporal apresenta partes nuas, na epiderme espessa e rugosa como, por exemplo, a extremidade do focinho *(rhinarium*)*, ou as superfícies plantares e palmares dos plantígrados ou dos arborícolas, podem reconhecer-se dermatóglifos individuais.

Assim, embora formada a partir de dois tecidos embrionários distintos, a pele forma um conjunto único.

Mais de dois milhões de glândulas sudoríparas, de que teremos de falar mais adiante, atravessam a pele da derme à superfície córnea. Epiderme e derme são, inclusivamente, capazes de colaborar na fabricação de órgãos: é o caso, surpreendente à primeira vista, da formação dos dentes. Estes dois tecidos têm parentesco múltiplo com os que formam o sistema nervoso, os músculos ver-

DERIVADOS DA PELE

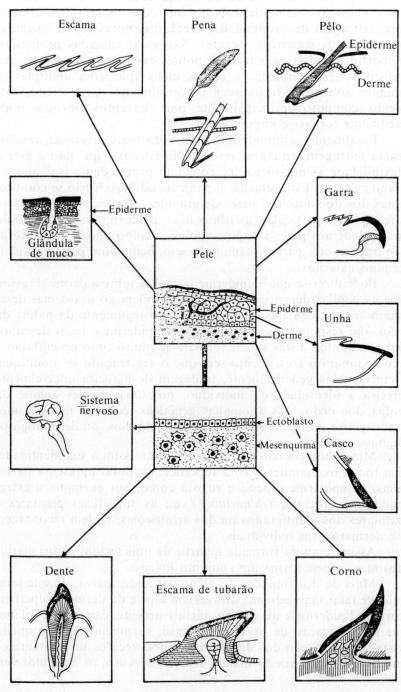

tebrais e, de um modo geral, as partes do organismo que intervêm nas relações com o meio ambiente.

Estas relações contraditórias, ao mesmo tempo que exigem a manutenção da integridade do organismo apesar das agressões múltiplas de um meio frequentemente instável, têm de assegurar as trocas de substâncias e a veiculação de informações sobre o estado do meio. É neste sentido que a pele dos vertebrados nos informa sobre as relações existentes entre os meios e os modos de vida.

A dimensão histórica da pele

Existem duas vias complementares para abordar o problema da história de um órgão. A primeira consiste em examinar os mesmos órgãos no maior número de animais conhecidos e em cotejar, pelo menos a título de hipótese, as diferenças observadas e as diferenças dos modos de vida. Esta aproximação comparativa, formulada por Georges Cuvier nos últimos anos do século XVIII, encontra dificuldades que foram sucessivamente reconhecidas pelos anatomistas. Em primeiro lugar, trata-se de não reeditar os erros de Aristóteles que, definindo os órgãos de acordo com a sua função, não achou necessário separar as aves dos morcegos nem os golfinhos dos peixes. Toda a boa comparação deve, efectivamente, assentar em termos comparáveis; doutro modo, limitamo-nos a proceder a uma aproximação por analogia, o que significa que formulamos uma semelhança que existe apenas no nosso espírito, em função de um *a priori* teórico; seria o caso de investigarmos quais os meios técnicos utilizados por diferentes animais para resolverem um mesmo problema; por exemplo, como flutuarem num fluido.

Este tipo de pesquisa pode ser muito útil num certo nível de compreensão. Foi o caso de Leonardo de Vinci e Borelli, que se esforçaram intensamente por compreender o mecanismo do voo nos vertebrados e da manutenção dos peixes debaixo de água, porque pensavam, com o seu espírito dado à engenharia, reconstituir artificialmente estes mecanismos e fabricar, assim, máquinas voadoras e submersíveis. Mas o facto é que, por este processo não aprendemos nada sobre a história dos seres postos em comparação, nem quanto ao modo pelo qual uma mesma substância organizada se transformou para satisfazer necessidades funcionais por vezes diferentes. É necessário, portanto, preparar uma espécie de cartografia de elementos rigorosamente comparáveis. As primeiras tentativas deste género foram puramente topográficas. Tratava-se de reconhecer precisamente a posição de cada elemento da estrutura orgânica em confronto com os seus vizinhos. É um dos sentidos da lei das conexões de Étienne Geoffroy Saint-Hilaire; é também o sentido da primeira definição de homologia de Richard Owen quando, impressionado pela generalidade de uma certa repetição de segmentos como, por exemplo, as vértebras e as costelas, o naturalista inglês acaba por definir um «arquétipo», espécie de animal ideal cujo plano devia servir para a leitura da organização de todos os vertebrados existentes. Os primeiros estudos precisos de desenvolvimento e, paralelamente, as primeiras formulações do evolucionismo reforçadas pela descoberta de animais desaparecidos, considerados então como os ancestrais dos animais actuais, deu a estes ensaios uma dimensão nova. Não são rigorosamente comparáveis senão os elementos provenientes dos mesmos tecidos, dos mesmos esboços embrionários, testemunho repetido, de algum modo, em cada geração, da sua origem ancestral comum. Esta concepção de homologia não cessou de se precisar, em especial com os progressos no conhecimento dos mecanismos que, no seio das células, conduzem à elaboração de substâncias químicas complexas que intervêm nos diversos aspectos do funcionamento vital. Mas temos consciência de que, por vezes, é bastante difícil afirmar a certeza de uma homologia. É o que acontece quando um elemento não se encontra senão numa única linhagem animal, da qual constitui uma característica essencial, como certos produtos da pele: penas das aves, pêlos dos mamíferos. Na ausência de formas fósseis intermediárias, temos de nos voltar para a similitude dos mecanismos de desenvolvimento.

A segunda via para abordar o problema da história de um órgão com a pele é examinar as formas desaparecidas. Estas, infelizmente, são simultaneamente restos parciais de organismos, indivíduos milagrosamente conservados de populações cuja importância se ignora e amostras muito empobrecidas de uma fauna e de um ambiente mal conhecidos. A paleontologia é uma ciência onde devem aliar-se a imaginação, o engenho e o rigor de análise.

Poderia pensar-se que, no caso preciso da pele, não seria possível aprender grande coisa com os fósseis de que não subsistem, em geral, senão partes duras, tendo sofrido, molécula por molécula, uma transformação de ordem mineral. Ora não é nada disso, dado que os primeiros vertebrados conhecidos eram mineralizados superficialmente, ao ponto de se ter chegado a falar, a propósito do seu tegumento, de um exosqueleto*. Recusaremos este termo porque não está demonstrado que uma armadura seja sustentáculo eficaz para o organismo. Veremos que o verdadeiro sustentáculo dos vertebrados era a armadura interna, esta estrutura extraordinária cujas vigas constituem, ao mesmo tempo, alavancas complexas.

Os antepassados encerrados numa caixa

Os nossos antepassados muito remotos eram, pois, fortemente couraçados e sem dúvida pouco móveis. Viviam, ao que parece, em águas doces e calmas, com fundos lamacentos donde extraíam as partículas nutritivas pela sua boca ventral sempre aberta, uma vez que não dispunham de maxilares para a fecharem. Isto passava-se há quatrocentos ou quinhentos milhões de anos. Conhecemos bastante bem alguns exemplares, precisamente graças à sua armadura dérmica que, ao conservar-se, trouxe até nós a sua aparência exterior e até alguns elementos internos sobre os quais se moldou a pele. São conhecidos sob a designação geral de ostracodermes*, termo que traduz essa espécie de concha de pele. Na realidade, esta espessa armadura cobria principalmente a parte anterior do corpo, onde se agrupavam os órgãos cefálicos, o aparelho respiratório de tipo branquial e o coração. Uma cauda, órgão de propulsão, prolongava esta massa pesada. A própria cauda era coberta de escamas fortes. Alguns destes seres mostravam já uma fragmentação da couraça em diversos elementos.

A derme dos vertebrados é, portanto, capaz de fabricar tecido ósseo e conservou esta propriedade até nós como, por exemplo, na formação do crâneo. Não há razões para nos admirarmos. A pele manifesta assim a sua função protectora. Os elementos minerais necessários à constituição do ossso são transportados abundantemente graças à rica vascularização da derme, que intervém ainda nas trocas com o meio. Encontramos constantemente esta função dupla e contraditória do tegumento. O osso dérmico dos ostracodermes revela-se muito espesso, mas ao mesmo tempo percorrido por uma rede muito densa de canais onde certamente corriam vasos sanguíneos. Como se apresentava a epiderme? Estas carapaças eram revestidas de uma cutícula fina? Nada sabemos a este respeito. Conhecemos apenas a superfície da derme, frequentemente ornada com relevos formados por uma substância muito dura, a dentina*, a mesma que constitui o marfim dos nossos dentes, por vezes com uma abertura ténue que lembra o esmalte. Pode supor-se que uma epiderme rica em glândulas de muco, como a da maior parte dos vertebrados aquáticos actuais, tornava estes animais tão escorregadios para os adversários quanto a derme os tornava coriáceos. Nesta época, com efeito, havia invertebrados com uma envergadura que ultrapassava a dos nossos longínquos predecessores, bem mais modesta. É provável também que numerosos invertebrados tenham sido carnívoros, como as espécies de escorpiões gigantes, os euriptéridos e que tenham constituído um perigo para o jovem grupo dos vertebrados.

    De uma maneira geral, ao longo da sua evolução, um grupo animal começa por revestir formas que se alimentam de detritos e de cadáveres em decomposição, e só depois assume formas carniceiras, dotadas de maior mobilidade e de órgãos especializados. É, pelo menos, o que nos mostram os vertebrados. É difícil imaginar que estes pequenos ostracodermes, encerrados na sua couraça e desprovidos de maxilares, tenham sido predadores activos, a menos que tenham já utilizado as descargas eléctricas, à semelhança de certos peixes actuais dos fundos lodosos: raias e gimnotos. Pelo contrário, as formas encontradas em camadas de origem marítima e com quatrocentos a duzentos milhões de anos devem ter pertencido a animais capazes de perseguir as presas. Assim, com a artrodia desaparecia a armadura anquilosante, ao passo que surgiam estruturas com um futuro considerável: maxilares articulados, dois pares de barbatanas pares e um terceiro canal semicircular no ouvido interno, verdadeiro pequeno compasso de navegação. É a invenção do «peixe», com a sua forma de torpedo de propriedades hidrodinâmicas assinaláveis. É também por esta altura que a corrente de mineralização vai começar a afastar-se da derme para se concentrar nas peças esqueléticas internas. Só os peixes «cartilaginosos» (raias, tubarões) se singularizam neste ponto, já que o seu esqueleto interno não se sobrecarrega de tecido ósseo. Não deixam de constituir, desde a sua aparição tão distante, na era primária, extraordinárias máquinas aquáticas. Na sua pele, como acontece com os outros peixes, a parte mineralizada da derme fragmenta-se num grande número de pequenas unidades: as escamas. A estrutura íntima das escamas varia segundo os grupos, e os zoólogos servem-se delas para os definir. Cada um destes tipos parece ser uma resposta diferente ao problema do crescimento.

Aparecimento das escamas

    O tipo de escama encontrado nos tubarões representa o tipo mais antigo ainda presente nos animais actuais, mas interessa-nos também pela sua espantosa semelhança com a organização dos nossos dentes. Estas escamas, chamadas placóides*, são formadas por uma placa basal óssea coroada por uma ponta aguda de dentina. O conjunto é sulcado por uma cavidade polposa, tecido onde se situam as células vivas e onde se insinua um vaso sanguíneo alimentador. Ao longo do seu desenvolvimento, esta escama faz o seu caminho através da epiderme e vem até à superfície. Todas estas asperezas sobrepostas conferem à pele destes animais uma rugosidade particular, que os homens utilizarão muitas vezes para confeccionar raspadores.

Ao nível dos maxilares, estas escamas dispõem-se de modo contínuo em direcção ao interior da boca; depois, aumentando de tamanho, vêm ocupar o respectivo bordo, constituindo, assim, a dentição formidável da maior parte dos tubarões. Em algumas raias, estes dentes não mostram relevos agudos, antes constituem uma espécie de paralelepípedos que lhes servem para esmagar as conchas.

Ao longo de evolução dos peixes, as escamas tornar-se-ão lâminas de osso, imbricadas geralmente de frente para trás e cobertas por uma epiderme com numerosas células glandulares. Entre as formas actuais constituem excepção, por uma lado, os peixes-cofres (ostráceos), e os hipocampos, cujas escamas são juntas e constituem uma carapaça contínua e, por outro, as enguias e os peixes-gatos (siluros), cujas escamas são apenas esboçadas.

A saída das águas das «cabeças couraçadas»

Desde o fim da era primária (duzentos milhões de anos a. C.), certos vertebrados tentaram a conquista das terras firmes. Sem dúvida, tratava-se a princípio dos pântanos e das margens litorais. Foi no entanto o suficiente para entrarem em jogo factores físicos diferentes dos que caracterizam um animal totalmente mergulhado num líquido. No que diz respeito à pele, a saída para o ar livre equacionou novos problemas de trocas e de protecção.

Estes primeiros vertebrados, os estegocéfalos ou «cabeças couraçadas», eram capazes de se arrastar sobre o solo lamacento das margens graças à transformação das suas barbatanas pares em apêndices articulados. Convertem-se então em animais pouco rápidos, facilmente capturáveis e que correm o risco de dessecação. O topo do crânio e outras partes do corpo estavam cobertos por fortes placas dérmicas; tratava-se de anfíbios, o que significa que a sua vida se dividia em dois períodos: do primeiro, aquático,

31

nada sabemos. Andariam aos milhares, como os girinos das rãs e os tritões nas lagunas e nos lagos? O baixo grau de mineralização é talvez responsável pela sua ausência entre os documentos fossilizados. Os ensinamentos fornecidos pelos anfíbios actuais estão sujeitos a reticências, dado que se trata de formas relativamente recentes, saídas de uma evolução distinta que não é conhecida em pormenor.

A pele dos estegocéfalos aparece como uma forma de transição entre os vertebrados aquáticos e aqueles que, definitivamente, vão ocupar os espaços continentais. Assim, nos girinos, a epiderme possui ainda uma camada externa cujas células apresentam cílios e células glandulares equivalentes às dos peixes, ao passo que nos adultos — e em particular nas formas que começam a afastar-se neste período do seu charco de origem, como é o caso das salamandras — a epiderme possui uma camada córnea: aparece a queratina e com ela, um certo grau de impermeabilidade.

A pele, um órgão respiratório

Todavia, seria impossível a um anfíbio sobreviver se a pele fosse completamente impermeável. Nestes animais, com efeito, a pele conserva ainda o seu lugar nas trocas com o exterior: na água, os peixes encontram o oxigénio, com que carregam o sangue, sob uma forma diluída; no ar, este gás é livre e tem de ser captado, por qualquer forma, na armadilha constituída pelas superfícies húmidas, e depois transferido para o sangue. Apesar da presença de pequenos sacos pulmonares, a sua pele desempenha um papel importante nesta captação de oxigénio. Mas compreende-se bem o inconveniente deste sistema. Condena o animal a permanecer nos locais húmidos e impede-os de possuir um tegumento demasiado coriáceo. Muitos deles possuem também glândulas cutâneas que segregam um veneno. É só em consequência do aperfeiçoamento dos sacos pulmonares que a pele se vai achar liberta dos constrangimentos do meio, liberdade que, não cessando de aumentar, surge como uma das linhas de força da sua evolução. Os estegocéfalos que partiam à conquista da terra firme na sua pesada armadura dérmica seriam já dotados de um aparelho pulmonar mais aperfeiçoado que o das nossas rãs? Não é impossível. Em todo o caso, os sedimentos continentais com menos alguns milhões de anos permitem observar uma verdadeira explosão de formas entre os répteis. A história da pele sofre, assim, uma inflexão decisiva: começava a era das formações córneas.

A era do corno

A epiderme dos répteis compreende várias camadas de células mortas, queratinizadas. Em algumas espécies, dois tipos de queratina. A superfície é seca porque não existem glândulas cutâneas, pelo menos aquelas que produzem líquidos e mucos. Eis por que, contrariamente à imagem tão vulgarmente repetida, a serpente nunca é viscosa. Subsistem, no entanto, alguns pontos do corpo dos répteis onde a pele produz secreções que desempenham verosimilmente uma determinada função de demarcação do território (por exemplo, a face interior do maxilar do crocodilo e a face interna das coxas de numerosos lagartos). A epiderme é rugosa nos lagartos e nas serpentes e forma espessamentos regulares: as escamas. Apesar da identidade da designação, não se trata de escamas iguais às dos peixes; não existe homologia. Umas são formações epidérmicas, as outras produtos da derme. Aliás, os dois tipos de formações coexistem no crocodilo e sobretudo na tartaruga, em que a derme elabora placas ósseas, elementos de carapaça, ao passo que, independentemente e sem coincidência geométrica, a epiderme forma escamas córneas. Estas últimas eram extraídas de uma espécie de tartarugas marinhas *(Eretmochelys imbricata)* para fabricar objectos como pentes, armações de óculos, etc., até que, felizmente para essa espécie, se inventou uma matéria sintética com o mesmo aspecto.

Um impermeável para cada idade

A importância da camada córnea, quase impermeável, permite limitar a evaporação da água contida no organismo. É verosímil que se trate de uma das «invenções» que permitiram aos répteis diversificar-se, construindo todo o mundo só para si mesmos, em épocas em que os continentes sofreram uma seca intensa; enquanto os estegocéfalos não podiam, de modo algum, afastar-se das florestas inundadas, cuja acumulação produziu a maior parte das reservas de hulha, encontram-se répteis fósseis em depósitos que evocam paisagens subdesérticas. Além disso, o ovo dos répteis é consideravelmente mais aperfeiçoado, pois beneficia também de uma certa protecção contra a dessecação. O embrião desenvolve-se no interior de uma bolsa líquida contida num envoltório, o *amnios*, e o conjunto acha-se encerrado numa concha córnea, de uma rigidez por vezes acentuada pelo calcáreo. Que diferença entre a postura gelatinosa do sapo e os ovos que, como os de certos dinossauros, foram encontrados fossilizados duzentos milhões de anos após a postura!

Todavia, a camada córnea não tem vida e é praticamente inextensível. O embrião réptil, no fim do desenvolvimento, despedaça o envólucro com um «diamante»*, o dente do ovo, situado sobre o focinho. Acha-se então coberto por uma camada córnea epidérmica; mas, uma vez que o seu crescimento se pode prolongar bastante, a avaliar pela extraordinária envergadura de certos fósseis, ser-lhe-á necessário sair da própria pele. A muda faz-se por pequenos fragmentos nos crocodilos e nas tartarugas, por grandes placas nos lagartos e por rejeição única da totalidade da camada córnea antiga nas serpentes. Esta faculdade de rejuvenescimento exterior dos lagartos e serpentes deve, em parte, estar na origem da sua imagem mitológica de animal de eternidade em numerosas culturas. Tomando em consideração a descamação periódica de lagartos e serpentes, foi-lhes atribuída a designação geral de esquamados*.

Viva a cor!

É habitual apresentar as reconstituições de animais desaparecidos em cores baças. Não é certo que os estegocéfalos tenham possuído cores variegadas. Porém, se considerarmos a importância das cores na vida dos animais actuais, permitindo-lhes confundir-se com o meio ou, pelo contrário, dar-se a conhecer aos seus companheiros sexuais ou eventuais agressores, é razoável supor-se que, desde muito cedo, os vertebrados tenham seguido esta regra. É preciso, além disso, lembrar que certas células saídas das cristas neurais colonizam a derme nos embriões e acabam por ser portadoras de pigmento. Este processo parece suficientemente generalizado para ser antigo.

Ao descrevermos, mais atrás, a constituição da pele humana, falámos da melanina, pigmento negro, mas na realidade a paleta natural é muito mais rica, e neste ponto estamos muito mal servidos — o que, aliás, o homem de todos os tempos e de todos os lugares procurou compensar através das pinturas corporais, utilizando fontes pigmentares vegetais e minerais. Além dos melanóforos, podem encontrar-se, na derme dos vertebrados, lipóforos cujo pigmento carotenóide dá uma cor amarela ou vermelha, e guanóforos portadores de um pigmento cristalizado que reflecte a luz. Enfim, a estrutura e a espessura da epiderme, conforme cobre partes coloridas ou deixa aparecer a vascularização subjacente, modifica a coloração final. Alguns destes factores podem variar de um momento para outro. As células cromatóforas são, assim, capazes de condensar ou expandir no corpo celular o pigmento que contêm, determinando um enfraquecimento ou uma intensificação da cor de base pela qual são responsáveis. Da mesma maneira, as modificações do débito sanguíneo na derme repercutem-se na intensidade do fundo rosado: coramos ou empalidecemos em função de circunstâncias exteriores; é até a nossa única maneira natural de mudar de cor.

Em contrapartida, numerosos animais de pele nua, como nós, tais como os peixes e os lagartos, são capazes de variações cromáticas mais elaboradas graças à posse de uma paleta de cromatóforos mais rica.

Este fenómeno entra na categoria do mimetismo activo quando a variação cromática tende a adaptar a cor do tegumento e até os seus desenhos no ambiente em que se encontra o animal. As células cromatóforas têm efectivamente conservado, pela sua origem nas cristas neurais, relações privilegiadas com o sistema nervoso. Processos complexos, em cuja origem se encontram o olho e também todos os receptores sensoriais e os centros afectivo--emotivos da base do cérebro, intervêm no determinismo destas transformações cromáticas. Tais fenómenos nem sempre são miméticos, como nos casos bem conhecidos do linguado ou dos camaleões, mas podem ser respostas a toda a espécie de agressões, desde as variações luminosas a um encontro perigoso.

A «era da queratina» conduz ao aparecimento de derivados da pele que, mascarando a sua superfície, tornam inúteis as variações cromáticas instantâneas. Cobertos de penas ou de pêlos, as aves e os mamíferos têm cores fixas, ou pelo menos sazonais. Só algumas superfícies nuas conservarão um alto potencial cromático, geralmente de significação sexual e dependendo consequentemente da produção de hormonas. É o caso da bolsa vermelha de uma ave marinha como a fragata, mas também das nádegas e da face de certos primatas, como o mandril, cuja extraordinária miscelânea de cores é francamente rara nos mamíferos. Este símio está suficientemente afastado da linhagem humana para se pôr de parte a possibilidade de os nossos ancestrais terem possuído uma «maquilhagem» semelhante. Os homens revelam, no entanto, uma tendência geral para ornamentar o corpo e a face com pinturas. Ainda que estas práticas tenham, antes de mais, uma significação cultural, cuja elaboração intelectual as afasta consideravelmente do simples desejo de uma conformidade natural, podemos perguntar se a comparação da sua nudez quase uniforme e monocromática com a riqueza das vestes animais não estimulou o espírito criador dos homens. Esta tendência para se transformar em função das circunstâncias, fortemente socializada e banalizada, conduz finalmente ao trajo de noite exigido em certos locais!

Invenção da cobertura

Os subprodutos da queratina modificaram consideravelmente a aparência e as condições de protecção do organismo. Parece que as penas foram as primeiras a aparecer. Com efeito, encontraram-se alguns desses estranhos dinossauros pequenos cujos membros anteriores, muito alongados, tinham penas, conservadas pela impressão que deixaram num sedimento notavelmente fino: o calcário litográfico. A descoberta do arqueoptérix, em 1861, teve o efeito de uma bomba. Até então, o exame dos caracteres anatómicos tinha permitido encontrar afinidades consideráveis entre as aves e os répteis, para além da pele escamosa das patas das aves. Mas faltava um elo nesta aproximação, uma vez que as aves actuais eram muito especializadas em relação aos seus contemporâneos reptilíneos. Além disso, a presença de penas num animal que, pelo seu crânio, não podia ser colocado entre os répteis, ao lado dos dinossauros, subvertia as definições das grandes classes de vertebrados. Assim, excluindo a constituição de uma superfície de apoio para o voo, uma das funções da plumagem é a sua capacidade para reter à superfície do corpo uma camada isolante de ar — não esqueçamos os colchões de penas das nossas avós — para evitar um desperdício excessivo das calorias produzidas, a nível constante, pelas aves. Ao contrário dos répteis actuais, estes animais são homotérmicos, o que significa que são capazes de manter a sua temperatura interna a um nível elevado, cerca de quarenta graus centígrados, sejam quais forem as circunstâncias térmicas exteriores. Os nossos répteis contemporâneos não possuem este alto nível energético, e a sua actividade depende em parte das calorias que recebem da radiação solar.

Difícil se torna acreditar que um animal assim possa fazer face ao enorme dispêndio de energia que constitui o voo, cuja solução o homem só encontrou há cerca de um século. Quando muito, terá havido formas capazes de planar, graças a uma membrana estendida entre a mão e o corpo, ou então, como é ainda o caso de uma espécie de lagarto que vive actualmente na Ásia, uma membrana estendida entre as costelas. Estudos recentes mostraram que devíamos rever completamente as nossas ideias sobre o nível energético de que dispunham as formas desaparecidas. Não podemos, portanto, tomá-lo como referência para a definição da classe dos répteis em relação à das aves e dos mamíferos; a menos que abandonemos estes limites, cuja falta de nitidez não pára de crescer à medida que se vão descobrindo as formas antigas, para não conservarmos senão uma classe muito extensa de «répteis». Mas aceitaríamos nós, de bom grado, ser incluídos nesta classificação ao lado das tartarugas? O exame microscópico dos ossos de certos répteis desaparecidos revelou que a sua organização supõe um metabolismo regular. A homotermia* teria, portanto, aparecido relativamente cedo nos vertebrados terrestres, conferindo àqueles que dela beneficiavam uma maior independência em relação às variações térmicas diurnas ou sazonais.

A partir desta observação é possível arquitectar toda uma série de cenários sobre os ritmos de actividade, modo de locomoção, relações de predação entre as diferentes formas, etc. É uma questão para a qual, infelizmente, não possuímos resposta formal: a pele destes répteis homotérmicos tinha conservado a sua estrutura simplesmente escamosa, ou a queratina tinha já «inventado» estes subprodutos a que chamamos «faneras»*, em particular os pêlos? A pelagem e a plumagem intervêm efectivamente na regulação térmica, assegurando um resguardo físico de duplo sentido: limitação do afluxo de calorias sob a radiação solar e restrição da perda de calorias internas. Sob a derme, uma camada carregada de gorduras actua da mesma maneira. Na ausência destas coberturas, só a modificação do débito sanguíneo na derme pode limitar as trocas entre este radiador periférico e os órgãos internos. Num animal de temperatura variável, ou pecilotermo*, como o lagarto, é mesmo o único processo de que dispõe para captar do exterior um suplemento de calorias (ectotermia), dado que a sua epiderme oferece um mínimo de obstáculo térmico e não há camada hipodérmica gordurosa. Percebe-se, assim, o papel fundamentalmente diferente que a pele desempenha no homotermo e no pelilotermo. Infelizmente, o tegumento fossiliza-se muito mal não sendo mineralizado ao nível da derme; essa a razão pela qual a paleontologia quase nada nos ensina quanto ao tipo de pele dos diversos répteis do secundário.

As penas parecem derivadas das escamas, pelo menos nas primeiras fases de formação. Quanto aos pêlos, dispõem-se, mesmo no homem, em grupos de três a cinco, regularmente repartidos segundo um plano que lembra o das escamas imbricadas de certos répteis. No pangolim, um dos raros mamíferos que possuem escamas, os pêlos estão implantados em grupos de três a cinco na base de cada escama. Ter-se-ia assim a prova de que os pêlos dos mamíferos teriam aparecido como complemento da cobertura de escamas, enquanto as penas das aves as tinham substituído. Da mesma maneira que o corpo dos mamíferos não é uniformemente coberto de pêlos, o das aves apresenta regiões nuas, encobertas pelas penas vizinhas mais longas. Um mesmo animal pode apresentar também vários tipos de pêlos e de penas: penas grandes utilizadas no voo, penas de cobertura, penugem, longos pêlos rígidos, pêlos flexíveis, cílios e vibrissas. Estes últimos localizam-se de preferência ao nível da face, por serem mais especializados na recepção de sensações tácteis. Penas e pêlos estão carregados de pigmentos epidérmicos que dão às pulmagens e às pelagens as cores características de cada espécie. Porém, só a renovação sazonal permite variações cromáticas que estão geralmente associadas à sexualidade e, por vezes, ao meio ambiente (pelagem de Inverno de animais subárticos).

Em face desta variedade, parecemos bem ridículos com a nossa pele nua, à excepção da região sexual e da cabeça. Tomando apenas em conta as leis da biologia, a pele do homem deveria ter limitado consideravelmente a sua difusão geográfica a zonas climatéricas onde a temperatura não se afaste muito do óptimo térmico dos vinte graus centígrados. A história da humanidade desmente em absoluto esta dedução. Não deixa de ser menos verdadeiro que, supondo que os primeiros hominídeos tenham sido tão nus como nós próprios, a zona intertropical teria sido a região ideal para servir de berço a uma humanidade ainda desprovida de meios específicos para preparar a sua ambientação.

Da garra ao casco

Outros produtos córneos tiveram uma importância inegável na evolução dos vertebrados; antes de mais, os que reforçam a extremidade dos dedos: garras, unhas e cascos. Na sua forma mais primitiva, trata-se apenas de um espessamento do tegumento da extremidade dos dedos, como em certos anfíbios. Foi a vida terrestre que levou à diferenciação destas formações. Começaram por desempenhar uma função locomotora, enquanto órgãos de fixação ao solo e, depois, converteram-se também em órgãos defensivos e ofensivos. O plano geral é o mesmo: uma zona casal, a partir da qual se desenvolve uma lâmina córnea, que se estende sobre a superfície superior da última falange e é retida ao nível onde esta termina por uma sola maleável. Esta última reduz-se a pouco no homem, mas é ela que constitui a parte de baixo do «pé» do cavalo.

A garra é o tipo mais generalizado. Permite a fixação aos relevos, a escavação do solo, a captura de uma presa e até a sua dilaceração. Em certos lagartos pequenos e nos felinos, a garra pode ser escamoteada numa pequena bolsa ou por um movimento de báscula da última falange. A maior parte das formas de utilização da garra encontra-se nos répteis. Numerosas formas que vivem na terra escavam com as garras as tocas onde se abrigam e as fêmeas dos camaleões, embora se desloquem sobre os ramos graças às suas pinças preênseis, ocultam as suas posturas nos buracos da mesma maneira que um lagarto terrestre. Esta função de ocultação dos ovos, só é possível em solo seco por meio de instrumentos agudos e rígidos, certamente desempenhou papel importante na conquista do continente pelos vertebrados. É, na verdade, um acto que, pela protecção que confere, aumenta as probabilidades de eclosão e faz parte da estratégia evolutiva. Nas tartarugas oceânicas são os membros posteriores, menos modificados que os anteriores (que constituem os órgãos de natação), que efectuam este trabalho de enterramento dos ovos nas praias, no limite das marés vivas. Duas ou três grossas garras embotadas formam o bordo de ataque deste utensílio de escavação, simultaneamente pá e cesto, cujo ritmo de actividade encontra então uma alternância — uma pata em acção enquanto a outra repousa — que não existe na natação, quando as patas actuam simultaneamente; sem dúvida, um vestígio da sua origem remota de tartarugas terrestres.

Garras agudas que se prendem à menor aspereza e rapidamente se desprendem, caracterizam as formas que desafiam a gravidade e se deslocam sobre a rugosidade das cascas. Mas a aderência tem limites: é o caso das superfícies pouco rugosas e suficientemente duras para resistir à penetração da ponta de uma garra. O problema foi resolvido por certos lagartos, muito especialmente os gecos, cuja extremidade dos dedos se alarga em espátula, formando a epiderme da superfície inferior lamelas cobertas de minúsculos filamentos rígidos. Este sistema de aumento da rugosidade, praticado por muitas sementes e recentemente reinventado pelo homem para assegurar a arrumação rápida de peças de pano, é tão eficaz que estes lagartos podem correr uma parede lacada ou um vidro.

Esta utilização das superfícies palmar e plantar para assegurar a aderência encontra-se, em menor grau de aperfeiçoamento, em todos os arborícolas; os relevos da epiderme, as cristas e silos dos dermatóglifos intervêm neste sentido. Também, e independentemente do aperfeiçoamento constituído pela pinça múltipla das mãos e pés dos primatas, não é de admirar que se encontre neles a maior abundância de dermatóglifos, enquanto as garras cedem o lugar às unhas, pequenos utensílios simples da vida corrente que servem para os animais se coçarem ou descascarem um fruto. Por conseguinte, herdámos as nossas «linhas da mão» e as «impressões digitais» dos nossos antepassados arborícolas. Mas, no homem, a mão tornou-se um utensílio extraordinário. O essencial da sua função permaneceu ligado à preensão de objectos de rugosidade variada, mas a relação com a locomoção desapareceu.

Se, entre os primatas, a garra subsiste em todos os dedos dos uistitis, ou mesmo nos lémures de um só dedo, o chamado dedo da *toilette*, torna-se um dos principais atributos dos carnívoros. Certos répteis extintos apresentavam já falanges terminais de uma envergadura tal que é lícito supor que constituíam o suporte ósseo de armas capazes de dilacerar a pele coriácea dos seus contemporâneos, tanto mais que os seus dentes parecem igualmente adaptados ao tratamento mecânico da carne. Os répteis actuais pouco utilizam as garras na captura da presa. Mas é o caso de certas tartarugas de água doce. Estes seus apêndices córneos não deixam de constituir também uma arma defensiva. O grande papa-formigas, por exemplo, cujas patas são dotadas de enormes garras com as quais sulca o solo das florestas amazónicas, torna-se um adversário temível quando, encostado a uma árvore, lança as suas patas anteriores contra qualquer ser que o ameace. Todavia, por várias vezes no decurso da evolução, grupos de mamíferos pacíficos, simples devoradores de ervas e de ramos, abandonaram a garra pelo casco, uma espécie de unha cuja lâmina córnea se converte numa parede rígida incrustada na última falange, ao passo que a sola se desenvolve, espessa e, por vezes, se forra com uma almofada elástica. Concomitantemente, verifica-se uma modificação importante do esqueleto dos membros, de tal modo que o animal já não repousa sobre as superfícies palmares e plantares mas sobre a extremidade dos dedos. O casco do cavalo constitui, certamente, o exemplo mais aperfeiçoado. É único em cada membro, pois representa a unha do terceiro dedo, tendo todos os outros desaparecido ao longo de evolução desta linhagem. Assegura um ataque perfeito do solo e uma boa aderência, graças à sua conformação em arco de círculo, assim como uma grande maleabilidade, graças a um dispositivo de amortecimento do choque ao nível da sola.

Entre os produtos córneos da pele é preciso ainda falar... dos cornos. Existem, na realidade, três tipos de cornos. Nos rinocerontes, o (na Ásia) ou os (em África) cornos ímpares não passam de um aglomerado de pêlos desenvolvido sobre a linha média do focinho. Nos cervídeos, os galhos pares são formados pela pele que os recobre (o veludo). A interrupção da irrigação sanguínea determina, no final do crescimento dos galhos, uma necrose da pele, que se desfaz em fragmentos. Esta necrose prossegue na base do ornamento, que assenta simplesmente sobre o crânio; os galhos caem periodicamente (cornos caducos). Estes adornos constituem boas armas de defesa e servem aos machos para medir forças. As renas possuem-nos em ambos os sexos. Os cornos das girafas são do mesmo tipo, mas conservam o revestimento de pele e não caem. Nos bovídeos, os cornos compõem-se de duas partes de origem distinta. A parte córnea é um produto superficial da epiderme, que cresce e se gasta continuamente. A epiderme recobre como um estojo (cornos ocos) uma saliência formada por uma excrescência dos ossos do crânio. Contrariamente ao caso dos cervídeos, é de regra que sejam persistentes e ornamentem a cabeça de ambos os sexos. As produções ornamentais da pele não devem ter aparecido com os mamíferos, de acordo com o testemunho do crânio de certos répteis fósseis e a presença de cornos nos camaleões, em outros lagartos e algumas serpentes. Aliás, entre os mamíferos apenas os grandes grupos de herbívoros apresentaram estas formações. Os primatas nunca as tiveram, o que não é de espantar em seres que vivem nas árvores e cujo crânio apresenta uma arquitectura particular; pelo contrário, as crinas e as cabeleiras são frequentes entre eles.

O próprio homem, todavia, não se privou de um tal suplemento ornamental, por meio de máscaras ou capacetes. A substância córnea pode ainda constituir dentições temíveis. Em total independência, três grupos de vertebrados substituíram a sua dentadura por bordos córneos: as tartarugas, as aves e os monotrématos (o termo «ornitorrinco» evoca o facto). À excepção do osso, que apenas certos carnívoros são capazes de triturar entre os dentes, não existe matéria animal ou vegetal que resista ao gume dos bicos, como o demonstra a variedade dos regimes alimentares das diferentes espécies de tartarugas e, sobretudo, de aves.

As glândulas da pele

As glândulas cutâneas, como já vimos, são quase inexistentes nos répteis. As aves, pelo contrário, possuem, na sua maior parte, uma glândula situada na base da cauda (glândula uropígia*), cuja secreção oleosa espalham pelas penas com o auxílio do bico. Com os mamíferos, a pele reencontra a riqueza glandular que apresenta nos anfíbios, mas já não se trata de manter o nível de humidade necessário às trocas gasosas nem de produzir venenos. Três tipos de glândulas, totalmente novas pela forma e pela função, caracterizam os mamíferos.

À pelagem associam-se as glândulas de tipo sebáceo; a secreção ou sebo assegura a lubrificação, logo, a maleabilidade, o brilho e a impermeabilidade. No entanto, em certas partes do corpo, não têm relação com qualquer folículo piloso. É o caso do canal do ouvido externo, onde é segregado o cerúmen, mas também em volta dos orifícios naturais do corpo, no limite entre a pele e as mucosas: porção vermelha dos lábios, prepúcio, pequenos lábios da vulva, vestíbulo anal.

As glândulas sudoríparas são minúsculos tubos enrolados sobre si próprios, providos de fibras musculares lisas cuja contracção permite, a cada dez segundos, a expulsão de uma gota de secreção, o suor, pelo menos quando as condições são temperadas, dado que estas glândulas intervêm na regulamentação térmica. A evaporação superficial do suor absorve calorias e, criando uma descida periférica da temperatura, dá uma impressão de frescura, mais fortemente sentida se uma corrente de ar acelera a evaporação. Estes dois milhões de glândulas não reagem todas ao mesmo tempo nem às mesmas excitações. A elevação da temperatura ambiente estimula mais particularmente as que se situam na face, nuca, costas, mãos, antebraços, superfície do dorso. Ao invés, se a excitação é de ordem psíquica, emoções fortes, por exemplo, o suor é produzido ao nível das palmas das mãos, plantas dos pés e axilas. Alguns mamíferos são pobres em glândulas sudoríparas: os cães e os felinos só as têm entre os dedos. Após um esforço grande ou por motivo de muito calor, o seu pêlo continua seco, mas esticam a língua e respiram ofegando para obter uma evaporação benfazeja ao nível da cavidade bucal. Se o mesmo sucedesse connosco, os longos discursos movimentados abreviar-se-iam rapidamente. Entre os raros exemplos em que estas glândulas se acham totalmente ausentes, citamos alguns animais subterrâneos, como a toupeira, e animais exclusivamente aquáticos, como os sirenianos e os cetáceos.

As glândulas mamárias, produtoras do leite destinado ao recém-nascido, constituem o melhor exemplo de uma estrutura anatómica que supõe necessariamente um tipo de comportamento: a atenção para com as crias. A sua distribuição pela superfície do corpo não é aleatória. Forma-se nos embriões, inclusive no homem, um espessamento da epiderme segundo duas linhas: são as cristas mamilares. Nos monotrématos, os únicos mamíferos que põem ovos, o campo glandular desenvolve-se quase inteiramente, produzindo uma série de glândulas que em muitos aspectos se assemelham às que produzem o suor. Abrem-se simplesmente à superfície na proximidade de um folículo piloso, e a cria contenta-se em receber o leite muito liquído que escorre ao longo dos pêlos. Com a viviparidade dos marsupiais e dos placentários, a parte secretora ramifica-se sob o tegumento, ao passo que à superfície aparece um relevo, o mamilo, ao qual o jovem ainda inacabado se agarra por uma das primeiras actividades reflexas de que é capaz. Só se desenvolvem certas regiões do campo mamário primitivo: na parede abdominal da bolsa marsupial do opossum, canguru, etc., e nos placentários em duas zonas, consoante os grupos: ao nível da axila ou da região peitoral nos morcegos, elefantes, na maior parte dos desdentados, nos sirenianos e nos primatas, ao nível da virilha nos cetáceos e nos grandes herbívoros. Por vezes, as duas linhas fundem-se numa linha intermédia: assim se formam as mamas dos ruminantes.

O embrião humano apresenta toda a evolução destas glândulas. As cristas mamilares, que aparecem cerca da sétima semana do desenvolvimento, desaparecem rapidamente, salvo na região torácica, onde a proliferação celular prossegue em profundidade, produzindo uma vintena de rebentos que, por sua vez, se dividem. Pouco tempo antes do nascimento, cavam-se os canais galactóforos que convergem para uma pequena depressão. Só após o nascimento se desenvolve o mamilo. O processo é idêntico em ambos os sexos. As glândulas ficam aptas a funcionar na puberdade, mas apenas no sexo feminino. O modo de formação e a origem evolutiva dos seios explicam que, a título de anomalia, mamilos supranumerários possam aparecer ao longo do campo mamário, desde a axila até à virilha. Da mesma maneira, as glândulas mamárias podem desenvolver-se até ao termo nos próprios machos, sob o efeito de um desregramento hormonal.

A pele constitui, assim, uma verdadeira fronteira pela qual passa uma grande parte das relações entre cada ser e o seu ambiente físico, biológico e até afectivo. Incessantemente, sem que nos demos conta, a nossa pele envia mensagens sob diversas formas, cujo sentido procuramos compreender, uma vez que está em jogo a saúde. Há a radiação calórica, não uniforme conforme as regiões do corpo; as suas perturbações podem constituir índices preciosos, desde a mão pousada na testa febril até à termografia do seio, que pode localizar um desenvolvimento tumoral. Da mesma maneira, estes dois metros quadrados de superfície, ou quase, reflectem microcorrentes eléctricas que resultam do funcionamento vital, não só dos grandes geradores como o coração e o cérebro, cuja importância permitiu desde há muito a captação e o registo, mas da multiplicidade de pequenos campos eléctricos que interferem sem cessar e variam consoante o nosso grau de actividade. Entretanto, quase nada sabemos, por falta de meios de registo, das substâncias químicas que emitimos, talvez segundo modulações particulares, como se verificou nos animais, podendo essas substâncias induzir atracções e repulsões em relação aos outros seres (feromonas).

II

AS SENSIBILIDADES DO CORPO

A percepção do mundo sensível. Seus limites e função biológica

Desde o acordar, vamos tomando consciência dos principais domínios da nossa sensibilidade ao mundo exterior: o ruído do despertador que nos arrancou do sono, a fervilhar de uma cafeteira, o café açucarado, o aroma das flores de manhã cedo, a aceleração brutal de um veículo. Há outras informações sensíveis de que não suspeitamos; são as que provêm de todos os pontos do nosso corpo, tanto do exterior como do interior: movimento ao nível das articulações, contracção dos músculos, movimentos das vísceras. Na realidade, vivemos continuamente num banho de sensações, das quais uma ínfima parte atrai a nossa atenção — justamente a parte necessária à condução da nossa actividade, ou seja, muito menos para um indivíduo citadino do que para o pastor que apascenta o seu rebanho ou o caçador indiano na floresta. A imagem que temos do Mundo é, em grande parte, tributária das nossas sensações, o mesmo acontecendo com a percepção do nosso próprio corpo. Uma paisagem é para nós formada de massas de cores e de planos que constituem relevos pela sua disposição no espaço, enquanto, para o nosso cão, os planos e os relevos são provavelmente constituídos, não por formas geométricas mas por massas de odores mais ou menos móveis. Toda uma escola filosófica extraiu, outrora, as suas conclusões desta relatividade das imagens sensoriais que temos do mundo físico, para lhes negar a materialidade. Há que reconhecer que a falta de meios objectivos situados fora de nós, isto é, de aparelhos capazes de fixar e repetir à vontade os fenómenos que constituem a fonte das sensações, a dúvida podia tentar os espíritos inclinados à metafísica. Os sentidos, que a nossa exigência de conhecimento faz parecer imperfeitos, têm, nesse aspecto, um significado biológico geral ao qual não é inútil reportarmo-nos para compreender a sua história.

A fragilidade da matéria viva, o mesmo na sua forma mais simples, deve-se aos seus constituintes químicos muito complexos que não suportam oscilações importantes nas condições físico-químicas do meio exterior. Uma elevação da temperatura até aos sessenta graus centígrados, ou a cristalização da água interna por congelação, implica uma desorganização irremediável dos sistemas moleculares em que assenta o funcionamento vital. Outro tanto se passa com a acção de substâncias químicas, como os ácidos ou bases fortes, solventes, etc. O grau das perturbações produzidas depende da intensidade da acção destes diversos factores nefastos; por vezes, o efeito só se faz sentir a longo prazo.

O sucesso da vida no decurso da sua história tem dependido, em grande parte, da sua capacidade de reacção face ao meio exterior. É clássico citar a irritabilidade entre as propriedades fundamentais dos seres vivos. Este termo significa simplesmente que, ao nível do contacto entre o meio ambiente e a gelatina viva, esta última é capaz de recolher informações e de reagir em consequência. A mais simples amiba «foge» de uma luz viva ou de uma substância irritante. Com o aparecimento de organismos constituídos por milhões de células, efectuou-se uma divisão do trabalho através da diferenciação de diversas categorias especializadas nos grandes tipos de funções. Já vimos alguns exemplos na pele. Como parece lógico, é na periferia que aparecem em primeiro lugar os pequenos órgãos especializados na recepção de informações. Com efeito, o ectoblasto, essa pele primitiva e embrionária, está na origem de todo um sistema que compreende os receptores, vias condutoras e centros cujas respostas determinam o comportamento do organismo face à excitação. Assim, esta última converte-se em informação se, após a sua recepção, se reveste de uma significação, isto é, se não deixa o organismo indiferente.

Distinguem-se comummente três campos de informação: o campo exteroceptivo*, aquele que, voltado para o meio ambiente, lhe capta as excitações; o campo interoceptivo*, especializado na recepção ao nível do tubo digestivo; o campo proprioceptivo*, à escuta de todos os tecidos internos, articulações, músculos, glândulas.

As vibrações em meio aquático

Os primeiros vertebrados conhecidos, encerrados na sua pesada armadura dérmica, viviam na água. O exame das formas aquáticas proporciona-nos assim elementos precisos para a compreensão da história da sensibilidade ao mundo exterior. O meio fluido em que se acham mergulhados os animais transmite principalmente vibrações mecânicas e luminosas ou substâncias dissolvidas. Um sistema superficial de recepção de vibrações, muito desenvolvido em todos os peixes e girinos deixou os seus traços nos fósseis. Interessa-nos por causa das relações estreitas, simultaneamente de origem e de princípio de funcionamento, que mantém com a audição. Na base deste sistema encontram-se células ciliadas dispostas em pequenos agrupamentos chamados neuromastos*. Os cílios, alguns dos quais têm a mesma estrutura dos flagelos motores dos unicelulares, são dirigidos para o exterior e o conjunto está imerso numa espécie de gelatina. Perturbando a posição inicial dos cílios, os movimentos vibratórios do fluido aquático excitam as células. Na maior parte das vezes, os receptores estão mergulhados na profundeza da pele, mantendo a relação com o exterior por um canal que se abre, pelos poros a intervalos regulares. À superfície, é possível ver um traçado linear de cada lado do corpo: a linha lateral. Esta situação implica, nas formas revestidas de osso dérmico, a inscrição da linha lateral das perfurações ao do canal.

Este órgão lateral ou acústico-lateral não se limita às duas linhas longitudinais que percorrem o corpo até à cauda. As faces lateral, dorsal e ventral da cabeça são assim percorridas por divertículos. De facto, parece mesmo que na origem a região da cabeça (primitivamente muito extensa, uma vez que compreende a região branquial e cardíaca) era a única provida deste aparelho. É pelo menos o que se pode deduzir da sua formação embrionária a partir da condensação das cristas neurais* na zona cefálica (placóide dorso-lateral) e das suas relações exclusivas com os nervos cranianos. Todo o movimento da água numa direcção vem portanto excitar os neuromastos situados no trajecto da onda. Esta pode ser provocada por um objecto em deslocação, por outro animal ou pelo reenvio, por uma superfície, da onda criada pelo próprio movimento do animal. É assim que na água turva, ou na ausência de luz (caso de certos peixes das cavernas), os obstáculos são localizados a cada instante em direcção e em distância. As maravilhosas acrobacias aquáticas em formação efectuadas por numerosos peixes gregários são permitidas por este sistema. Com a saída dos vertebrados do meio aquático, este dispositivo desaparece. Pode mesmo acompanhar-se o seu desaparecimento nos ossos cranianos dos estegocéfalos à medida que o seu modo de vida se torna mais terrestre. Os anfíbios actuais ainda o possuem durante a fase aquática da existência, isto é, durante o período que precede a metamorfose, ou durante toda a sua existência para aqueles que permanecem definitivamente na água.

Saído do mesmo tipo de material embrionário e na mesma região, o órgão de equilíbrio e audição do ouvido interno funda-se também no mesmo princípio da linha lateral: as células sensoriais são providas de cílios revestidos de uma cúpula, e as vibrações, transmitidas por um fluido, vêm excitar as células deslocando os cílios. Os receptores do equilíbrio informam quanto à posição do órgão no espaço, ou seja da cabeça que o contém, o que é particularmente importante para um animal mergulhado na água, meio teoricamente homogéneo em todas as direcções e cuja impulsão diminui consideravelmente os efeitos da atracção terrestre nos corpos imersos. Estes órgãos, os labirintos*, são pares, situados de cada lado da cabeça, e compõem-se de duas partes distintas: canais em arco de círculo reunidos numa região em ampola. Nos canais, as células receptoras são idênticas às dos neuromastos da linha lateral; na parte comum intumescida, a cúpula gelatinosa encerra também concreções calcárias. Sendo o conjunto fechado nas formas terrestres é, portanto, a inércia do líquido contido no sistema, por oposição ao movimento do corpo, que, criando um deslocamento relativo, excita as regiões ciliadas. Trata-se de um aparelho de medida da diferença entre duas velocidades, ou seja, um acelerómetro. Por outro lado, a presença de corpos de forte densidade, cristalizações calcárias (otolitos*), permite, mesmo em repouso, registar a direcção da aceleração permanente do peso, isto é, «o alto e o baixo». Nos primeiros vertebrados —esses seres desprovidos de maxilares que certamente permaneciam nos fundos lodosos— só havia dois canais semicirculares. Outro tanto se passa com os seus descendentes afastados, como a lampreia. O estudo deste animal actual permitiu verificar que ele se apercebe também das acelerações nas três dimensões do espaço, graças à orientação dos cílios sensoriais. Mas todos os outros vertebrados possuem três canais semicirculares, orientados em três planos mais ou menos perpendiculares, sem comunicação com o exterior nas formas terrestres, imersos num liquido (perilinfa*), o que os dota de um instrumento de referência muito preciso para as suas deslocações.

As vibrações em meio aéreo

As células sensoriais do órgão receptor dos sons (órgão de Corti*) projectam os seus cílios no mesmo líquido (endolinfa*) que enche os canais semicirculares, mas já não é a aceleração relativa do corpo que actua sobre eles. Dispostos numa faixa enrolada em hélice (cóclea* ou racol) nos mamíferos, captam as ondas vibratórias que, por intermédio da pele, se transmitem ao líquido que os banha. Dado que o ambiente é líquido, as ondas passam de um líquido (água) ao outro (endolinfa), cujas propriedades físicas são idênticas. Quando os vertebrados saíram da água, as condições de captação das vibrações sonoras modificaram-se. Antes de mais, o corpo não vibra no ar como vibra na água, da qual não difere muito, pois é composto por setenta por cento desta substância densa e incompressível. Além disso, para que a transmissão de um som de uma substância para outra se efectue satisfatoriamente, é necessário que a relação entre a variação de amplitude e a variação de velocidade da vibração se mantenha quase constante, o que não é o caso entre o ar e a água; as vibrações do ar reflectem-se, em grande parte, na pele; não possuem energia suficiente para a penetrar. Os primeiros vertebrados que, com o auxílio das suas quatro patas ainda desajeitadas, se aventuraram sobre as margens escarpadas, possuíam já o aperfeiçoamento necessário à captação das ondas aéreas sonoras: um microfone composto por uma membrana superficial (tímpano) que guarnecia o entalhe de um osso dérmico e cujo centro se achava ligado a um pequeno orifício do ouvido interno (janela oval) por uma haste óssea (o estribo*). Este conjunto que constitui o ouvido médio — cavidade timpânica e ossinhos transmissores de vibrações até ao liquído do ouvido interno — não saiu do nada. Resulta de uma das transformações que afectaram a região da cabeça e do pescoço quando a respiração branquial deu lugar à respiração aérea.

A audição é antes de mais, uma faculdade de orientação que vem completar o equilíbrio. Enquanto este último dá constantemente uma referência de posição do organismo no espaço, a primeira permite localizar uma fonte sonora no meio ambiente e, neste sentido, mais não é que uma derivação da linha lateral dos peixes. Esta faculdade tem uma importância enorme na vida de todos os animais, e o desenvolvimento da discriminação qualitativa das fontes, isto é, da discriminação de significado em relação a imperativos biológicos, principalmente nutritivos, é uma característica da evolução dos centros nervosos. No homem, a função essencial da orientação desvanece-se em proveito da captação de sinais sonoros organizados em linguagem. Em contrapartida, no caso de numerosos vertebrados dotados de um órgão emissor de sons, a audição intervém nas relações dos indivíduos de uma mesma espécie, sobretudo na procura do parceiro sexual ou na sinalização sonora de um território. Tal é o sentido do coaxar das rãs. Convém, no entanto, notar que a vantagem deste tipo de sensibilidade não é absoluta. Certos animais são surdos às vibrações aéreas sem correrem o risco de extinção, uma vez que outros sentidos substituem as funções da audição. É o caso das serpentes. Desprovidas de tímpano, o seu estribo apoia-se num osso com o qual se articula o maxilar inferior; deste modo, as serpentes parecem bem pouco capazes de perceber o som da flauta dos encantadores. Com efeito, provou-se experimentalmente, registando as microcorrentes produzidas pelas células sensoriais da sua cóclea, que elas apenas são sensíveis às vibrações de grande comprimento de onda, principalmente as que são conduzidas pelo solo quando, por exemplo, um animal pesado se desloca nas proximidades. A sua pele, largamente em contacto com o solo, serve de receptor.

A exploração electrofisiológica dos receptores cocleares revela-nos, pouco a pouco, as «paisagens» sonoras das diversas espécies animais. Da extensão da gama de sensibilidade dependem os pontos sonoros de referência que têm significado para o animal considerado. Nas formas que utilizam comunicações sonoras entre os indivíduos, são prioritariamente percebidas as frequências pela espécie. Quando se pensa que a sensibilidade é função da frequência, da potência, mas também do ritmo dos sons sucessivos, compreende-se que, quando várias espécies de anfíbios se acham reunidas, por vezes num mesmo lugar, cada uma delas entende apenas, de facto, os sons emitidos pelos seus congéneres. À noite, num pântano, os nossos ouvidos, que possuem uma gama extensa, percebem, pelo contrário, uma algazarra quase dolorosa. Esta especialização da audição unicamente para o reconhecimento dos congéneres faz-se em detrimento da localização das presas ou dos perigos. São também outros sentidos, percepção das formas em movimento ou dos odores, que desempenham este papel.

Regresso à superfície: a sensibilidade da pele

Com o sistema acústico-estato-lateral* não fizemos mais, em suma, que considerar uma sensibilidade particular da pele, os órgãos especializados do equilíbrio e da audição resultado de uma localização em profundidade das células que, à superfície, reagem às vibrações. A pele do adulto contém outros receptores sensoriais em grande número mas, considerando o conjunto do desenvolvimento do organismo e, obviamente, a história evolutiva dos vertebrados, podemos dizer que todas as formas de sensibilidade ao meio ambiente nascem no seio do revestimento superficial. É preciso, todavia, distinguir dois tipos de organização de receptores: as células especializadas, como as células ciliadas do sistema acústico-lateral, e os prolongamentos superficiais de células nervosas localizadas em profundidade. Na primeira categoria encontramos também as células que respondem a pressões (tacto, toque), a substâncias químicas dissolvidas (gustação), e as células que reagem a estímulos visuais (visão); na segunda situam-se as terminações sensíveis às moléculas de gás (olfacto) e aquelas que reagem às variações de temperatura e aos traumatismos (sensibilidade térmica, sensibilidade à dor).

Acabámos de enumerar os cinco sentidos clássicos. De resto, não é inútil abrir um parênteses. Estas categorias sensoriais foram reconhecidas pelo homem; por uma lado, em função da sua própria gama de sensibilidade, por outro lado, em função da consciência que tomava desta sensibilidade que, então, se converte em sensação. Em seguida, os trabalhos anatómicos revelaram a existência de formas diferentes de receptores, por exemplo, na pele. E assim se chegou ao ponto de associar estas formas às subdivisões das categorias sensoriais empiricamente reconhecidas. Mas esta dedução era excessivamente ousada no plano do rigor científico. Efectivamente, só a prova experimental pode confirmar que tal forma celular reage especificamente a determinado excitante e, se nos basearmos exclusivamente na sensação, introduzimos um factor importante: o conjunto dos centros nervosos, entre os quais o córtex cerebral e as suas capacidades de associação. Assim, falar de uma sensibilidade à dor não faz muito sentido em fisiologia comparada. Estamos *a priori* prisioneiros de um termo cuja ressonância na realidade humana lhe retira toda a objectividade. Os animais sofrem? Em que nível de organização é que aparece a percepção dolorosa? Neste ponto não existem respostas fora de um raciocínio analógico, ou seja, mistificante.

A fisiologia das sensações é, por conseguinte, uma disciplina extremamente rigorosa no seu método, e trabalha, simultaneamente, ao nível dos receptores, para lhes conhecer a latitude de reacção e os mecanismos de funcionamento, e ao nível das relações com os diferentes estádios dos centros nervosos. Foi possível saber-se, primeiro, que a sensibilidade da pele a diferentes acções elementares (tacto, calor, frio, dor) variava segundo as regiões do corpo, como, aliás, a densidade dos diferentes tipos de receptores; porém, exceptuando as terminações encerradas nas cápsulas conjuntivas que reagem à pressão (mecanoreceptores*), não parece haver uma relação directa entre o tipo de receptor e um tipo de excitação. Talvez o problema tenha sido mal posto. Em vez de uma especificidade dos receptores cutâneos, existiria um limiar diferente para cada tipo, de acordo com a intensidade do estímulo exterior. Por outro lado, estes diversos receptores estão situados em níveis diferentes do tegumento. Certas terminações livres encontram-se nas camadas inferiores da epiderme, mas os «corpúsculos», isto é, os organitos formados por uma cápsula fibrosa que envolve fibras sensíveis, repartem-se pela derme em profundidades diferentes; alguns, de estrutura muito complexa, estão associados aos pêlos que servem de receptores exteriores. O tacto, isto é, a sensibilidade ao contacto com os objectos, está particularmente desenvolvido no homem ao nível da terceira falange dos dedos da mão, o que coincide com a riqueza das papilas dérmicas desta região em corpúsculos ditos de Meissmer, cuja estrutura é, sem dúvida, a mais característica deste tipo de receptores cutâneos. O prolongamento de uma célula nervosa, enroscado sobre si próprio, está encerrado numa grande cápsula formada por células dérmicas achatadas. Uma ligeira deformação da epiderme moldada sobre as cristas dérmicas transmite-se no tecido subjacente ao revestimento dos corpúsculos. Com o auxílio de um compasso de ponta embotada (compasso de Weber), foi possível medir o afastamento mínimo em relação ao qual se percebe a sensação de dois contactos, isto é, dois relevos; é de dois milímetros e meio ao nível da polpa dos dedos e diminui se se desloca o dedo em relação ao duplo objecto. Esta grande discriminação permitiu o aperfeiçoamento do alfabeto Braille para os cegos. Embora este tipo de receptor exista já nos crocodilos, sob uma forma mais simples, e nas aves, são os mamíferos que beneficiam do estádio mais elaborado. A sensibilidade táctil dos animais localiza-se, frequentemente, ao nível da cabeça, no focinho ou na periferia da boca. As formas subterrâneas que escavam tocas têm um sentido táctil particularmente desenvolvido no rostro.

Os sentidos químicos

A água, elemento onde os vertebrados começaram por se diversificar, constitui uma espécie de solvente ideal e um suporte para os corpos não dissolvidos. É neste veículo que uma quantidade enorme de substâncias se difunde ao acaso dos movimentos criados por agentes físicos: peso, vento, correntes térmicas de convecção. Conhecem-se consequências ecológicas desta propriedade da água e as inquietações a que dão origem as perturbações que o homem introduz na concentração de certas substâncias ou no regime de circulação das massas aquosas. A informação sobre a composição química do meio aquático constituiu certamente um sentido primordial para os vertebrados. Ao que parece, receptores capazes de ser excitados por desvios importantes desta composição tiveram de se expandir sobre o conjunto da superfície do tegumento e, ao longo da evolução, este sentido químico ter-se-á concentrado na região da cabeça, depois na abertura da boca e na parte anterior do tubo digestivo. Com efeito, nos peixes, as papilas gustativas estão presentes sobre a face externa da cabeça e quase em toda a superfície do corpo, no território ectoblástico; pelo contrário, nos vertebrados terrestres, situam-se na língua e na parte posterior da boca, ou seja, no território endoblástico (tecido de origem do tubo digestivo).

Este pequeno problema revela as profundas perturbações provocadas pela saída do meio aquático. Todos estes receptores têm em comum uma mesma estrutura: células sensoriais alongadas que atravessam o epitélio, com a parte ciliada orientada para o exterior. Agrupam-se em feixes sustidos por células epiteliais ordinárias; o conjunto, chamado papilas gustativas*, situa-se no flanco das depressões formadas pelas pregas da superfície. O contacto com as substâncias, dissolvidas na água do meio ou na saliva (para os animais terrestres), determina a excitação das células sensoriais que a transmitem a fibras nervosas sensíveis. A sensibilidade deste sentido químico é notável, pois basta teoricamente que uma molécula entre em contacto com a parte ciliada de uma célula para a estimular, mas a necessária diluição na água torna aleatório um tal contacto único. Este sentido desempenha um papel muito mais importante nos peixes e, sem dúvida também, nos anfíbios aquáticos: intervém não só na localização das fontes de alimento, mas também na captação das mensagens químicas cujo sentido pode ser primordial para a sobrevivência do animal. Assim, num aquário, a presença de um animal ferido ou até a adição de água que o tenha contido provoca o pânico em certos peixes. Esta substância de alarme ainda não foi identificada. Aliás, não está excluído que seja o olfacto, e não o gosto, que intervém neste caso. Seja como for os animais terrestres não utilizam o seu sentido do gosto para testar o alimento a não ser quando o alimento já se encontra introduzido na boca. No homem, a exploração da superfície da língua permite delinear uma carta dos quatros sabores elementares que somos capazes de identificar: doce, amargo, salgado, ácido. A sensibilidade ao açucarado e ao doce deve-se, sobretudo, à extremidade da língua; as partes laterais têm a ver com a acidez.

Também o olfacto é um sentido químico, de carácter um pouco misterioso. Contrariamente ao gosto, é provável que não tenha ainda encontrado o seu pleno desenvolvimento, a sua capacidade plena de comunicar aos seres informações úteis à sobrevivência da espécie. É, no entanto, assegurado por estruturas muito antigas, como o revelam simultaneamente a evolução das diversas partes constituídas pelos centros nervosos intracranianos (encéfalo), e a organização anatómica simples do conjunto do aparelho olfactivo. Com efeito, a parte mais volumosa do encéfalo é representada, nos primeiros vertebrados, pelo prolongamento anterior que representa o bolbo olfactivo: da mesma maneira, a primeira parte onde aparece a organização de um córtex cerebral, isto é, o desenvolvimento de uma disposição estratificada de células nervosas — protótipo das partes «nobres» do nosso cérebro — é a parte que se acha em relação anatómica com os nervos do olfacto (rinencéfalo*). O «cérebro antigo» seria olfactivo? E as primeiras associações que estão na base do pensamento referir-se-iam a odores? As relações entre os receptores periféricos e os centros são notavelmente simples: as células receptoras pertencem ao tipo nervoso, contrariamente às da gustação, e agrupam-se num sítio particular da mucosa que reveste as cavidades nasais. Rodeadas de células em que se apoiam, dirigem para o exterior tufos de cílios banhados pelo muco, cuja superfície se encontra sempre humedecida. O prolongamento condutor destas células (azónios*) chega directamente à base do bolbo olfactivo. O conjunto destas fibras condutoras constitui, assim, o nervo olfactivo curto. Cerca de duas dezenas de milhares de fibras acumulam-se em cada dezena de células de reserva que atingem o cérebro olfactivo. É, portanto, uma via relativamente curta para conduzir a informação inicial até ao centro de triagem, dado que uma mesma célula é, simultaneamente, receptora e condutora. Soube-se, porém, que este sistema simples se encontrava ligado a outras regiões do encéfalo, à medida que este se complicava, e que, assim, existe nos mamíferos uma relação de duplo sentido tanto como os centros que condicionam as necessidades elementares, como a fome, como com o córtex cerebral.

A exploração da sensibilidade olfactiva revelou-se muito difícil. Primeiro, mau grado as numerosas tentativas, foi impossível estabelecer uma classificação dos odores elementares. Mais: o parentesco químico só muito raramente é garantia de uma semelhança de odor. Neste domínio, as experiências utilizavam seres humanos. A incoerência e não repetitividade dos resultados puseram em evidência que o homem era um mau exemplo, apesar de poder dizer o que sentia. Aprendeu-se entretanto, que, para além da grande variabilidade individual, o hábito e até o estado fisiológico influenciavam enormemente a qualidade dos resultados obtidos. Por exemplo, certas substâncias eram percebidas em concentrações diferentes por indivíduos do sexo feminino de acordo com as fases do ciclo menstrual. Era necessário escolher um material de experiência que permitisse um protocolo mais conforme ao método magistralmente enunciado por Claude Bernard: isolar os factores em presença e não os fazer variar senão um de cada vez, escolher sujeitos com condições homogéneas, obter a repetição dos mesmos resultados quando se reúnem as mesmas condições. A rã foi muito utilizada nas investigações recentes sobre o olfacto. À resistência deste animal, bem conhecida dos fisiologistas, acrescenta-se a facilidade anatómica de acesso à mucosa olfactiva, cujas respostas foi possível explorar, quer ao nível global, quer com o auxílio de microeléctrodos ao nível celular (electro-olfactograma *). Parece confirmar-se que o mecanismo de acção de uma substância gasosa, após a dissolução no muco, é a fixação, por meio de um motivo da sua configuração molecular, num motivo complementar de uma proteína elaborada pelos receptores. Se nenhum acordo for possível entre os «relevos» moleculares da substância e os dos diferentes receptores, estes últimos não conseguem ler a mensagem, o que equivale a dizer que a substância é inodora. É o caso de numerosos gases como o oxigénio e, infelizmente, o óxido de carbono, tóxico produzido pela combustão incompleta da madeira, carvão e hidrocarburetos.

    A sensibilidade do olfacto é muito maior do que a do gosto, e quase nos parece incrível que um cão possa encontrar a «pista» seguida por um animal muitas horas antes. Quantas moléculas odoríferas permaneceram assim prisioneiras nas camadas de ar em contacto com os objectos e o solo? O facto de as moléculas gasosas não se dissolverem senão ao nível da mucosa, em vez de chegarem já em solução, como no caso do aparelho gustativo, deve certamente aumentar a probabilidade de encontro com um receptor. Mas existe, sem dúvida, uma diferença mais essencial. O órgão olfactivo constitui um aparelho dotado de uma espécie de amplificador da fonte. Chegou, de facto, o momento de falar das fossas olfactivas. Formado a partir de um espessamento par do ectoblasto na quarta semana do desenvolvimento embrionário do homem, o órgão olfactivo aparece, em seguida, sob a forma de duas goteiras que comunicam primeiro com a abertura da boca. Depois, pela gemiparidade dos bordos de cada goteira, aprofundam-se e isolam-se as fossas nasais, separadas por uma divisória mediana. Posteriormente, o encerramento do palato e a sua fusão com a divisória nasal determina a separação definitiva entre a região nasal e a região bucal, fazendo-se a comunicação apenas pela faringe. As anomalias que aparecem no decurso deste processo são responsáveis por fissuras nasobucais ou nasopalatinas, como o «lábio leporino». Enquanto os vertebrados viviam na água, o órgão olfactivo era constituído, como nos peixes actuais, por um saco que comunicava com o exterior por duas entradas (narinas externas) e duas saídas que não tinham necessariamente relação com a cavidade bucal. A circulação de água neste circuito permite que as moléculas de gás dissolvidas entrem em contacto com a porção da mucosa que contém receptores olfactivos. Substâncias gasosas que não têm acção sobre as papilas (substâncias insípidas), podem assim ser reconhecidas ao nível da olfacção. O aparecimento da respiração aérea confere às cavidades nasais um papel na captação de oxigénio sob a forma gasosa, a princípio provavelmente à superfície da água, como em certos peixes actuais dotados de pulmões. As aberturas nasais abrem-se, depois, no tecto da boca, que se converte na antecâmara dos pulmões. Estes, como veremos, derivam efectivamente do tubo digestivo. Estas «narinas internas» são chamadas cóanos*. Observa-se, então, uma maior complicação nas condutas nasais, que se contorcem e onde se isola uma parte olfactiva dorsal cuja parede complicada aumenta a superfície de captação de odores. Esta divisão é muito nítida nos crocodilos, cuja parede olfactiva é mesmo sustentada por um osso, ao passo que nos lagartos e nas serpentes existe um beco sem saída à frente do palato, o órgão de Jacobson*, cujas duas pequenas aberturas vão receber as moléculas elevadas no meio ambiente pelas duas pontas terminais da língua bífida destes animais. Com os mamíferos assiste-se a uma grande complicação da parede olfactiva pela formação de ossos contorcidos que invadem as cavidades nasais. A rica vascularização da mucosa transforma este sistema em radiador, aquecendo e humidificando o ar inalado e, na porção olfactiva, as pregas numerosas aumentam a eficácia da superfície de captação de odores (osso etmóide*), sendo as moléculas lançadas em turbilhões num verdadeiro labirinto. A relação entre porção respiratória e porção olfactiva permite distinguir os animais macrosmáticos, cujo olfacto se acha muito desenvolvido, dos animais microsmáticos, de que faz parte o homem, e, enfim, dos animais anosmáticos desprovidos de sentido olfactivo, como os cetáceos.

Gosto e olfacto acham-se estreitamente associados quando se trata de apreciar a qualidade de um alimento, mas é provável que a agudeza da discriminação e o prazer que se pode encontrar no aroma de uma iguaria ou de um vinho provenham principalmente de substâncias voláteis que se elevam pela parte posterior da boca e, para além do véu palatino, se vão perder nas fossas olfactivas. A língua faz a degustação seleccionando as grandes categorias e a sua mistura (doce-amargo, açucarado-ácido, etc.), mas intervém também enquanto superfície de aquecimento, acelerando a evaporação das fracções voláteis.

No homem, o olfacto quase não intervém fora do momento da nutrição. Todavia, embora anatomicamente pouco dotado, sobretudo em comparação com o cão, que soube utilizar precisamente como complemento, o homem é perfeitamente capaz de empregar o seu olfacto nas suas relações com o meio ambiente. Nas sociedades em que a caça representa uma das actividades de subsistência, os homens são capazes de localizar presas odoríferas, sobretudo mamíferos que possuam glândulas que expulsam produtos voláteis, como os suídeos* (javalis, pecaris). O olfacto é também intensamente utilizado para identificar vegetais, cogumelos, plantas aromáticas, madeira. A vida que levamos, em forte concentração urbana, não é absolutamente nada favorável à manutenção de um bom olfacto. Na realidade, este sentido «fatiga-se» rapidamente. Os receptores que são postos durante muito tempo em contacto com odores fortes já não reagem a esses odores, e certos produtos tóxicos chegam a suprimir toda a sua reactividade! Felizmente, estas células nervosas particulares são capazes de se regenerar a partir da camada basal em que assentam.

A sensibilidade à radiação solar

Entre os agentes do mundo ambiente a cujo contacto se acha submetida a superfície dos seres vivos, há uma parte da radiação emitida pelo Sol que chega ao solo depois de ter atravessado diferentes invólucros do meio terrestre. Temos o costume de chamar «luz» à fracção desta energia que impressiona os olhos, e «calor» àquela que excita os receptores da nossa pele, quando se trata de um mesmo fenómeno electromagnético propagado em comprimentos de onda diferentes. A luz «visível» resulta de uma mistura de vibrações cujos comprimentos de onda se escalonam de quatrocentos a setecentos e oitenta milionésimos de milímetro; dado que os nossos receptores foto-sensíveis reagem diferentemente consoante o comprimento de onda, percebemos as «cores elementares» quando, num arco-íris, a luz se decompõe por difracção numa cortina de gotinhas de água.

Porém, antes da visão tal como a concebemos a partir da nossa experiência vivida de animal particularmente dotado neste plano, existe a simples sensibilidade do tegumento à luz transmitida pela atmosfera, sensibilidade muito largamente expandida no mundo animal. A concentração das zonas foto-sensíveis na região anterior (cabeça), com o aparecimento de dispositivos de concentração da luz sobre as células receptoras, não é apanágio dos vertebrados. Existem «olhos» de diversos tipos em muitos outros animais, como os moluscos e os artrópodos (crustáceos, aracnídeos, insectos...), mas há uma diferença de qualidade entre a recepção global da luz ambiente e a discriminação dos objectos pelo seu contorno físico. A luz, com efeito, incide em todos os objectos e reflecte-se em parte a partir da sua superfície e das camadas moleculares vizinhas. Esta fracção reflectida não se encontra nas radiações que penetraram a massa dos objectos, daí a sua cor. Por vezes, a energia luminosa absorvida faz vibrar as moléculas que, por sua vez, reemitem radiações. Raras são as substâncias que por si próprias irradiam energia luminosa, de modo que, na falta de fonte luminosa susceptível de reflectir as radiações na sua superfície, diz-se que os objectos são invisíveis. A visão, isto é, o reconhecimento dos objectos enquanto fontes luminosas secundárias, supõe, pelo menos, que a posição relativa destas fontes no espaço faça parte da mensagem geral captada pelo órgão receptor.

Para realizar esta primeira análise do campo, têm sido utilizados dois processos. No primeiro, presente nos insectos, o receptor, situado à superfície numa pequena cúpula, é constituído por grande número de células, cada uma das quais, graças a uma pequena lente, recebe apenas um feixe de luz. A mensagem global saída do olho de uma mosca é, pois, qualquer coisa de semelhante a uma fotografia reproduzida com o auxílio de uma trama muito grosseira. A justaposição dos pontos dá o contorno aproximado dos objectos, as zonas de sombra e de luz. O segundo processo, é utilizado pelos moluscos e vertebrados. O olho do polvo, como o nosso, é uma vesícula oca no fundo da qual se acham dispostas as células receptoras. Por um pequeno orifício situado do lado da superfície exterior passam os raios que se inscrevem num vasto cone. É assim que uma parte considerável do campo penetra no olho. Uma lente biconvexa (cristalino), corpo transparente cuja composição desvia o trajecto dos raios (índice de refracção elevado), permite a recomposição do cone sob uma forma reduzida. Todos os pontos do campo se projectam na superfície sensível mas em posição inversa (de cima para baixo) por razões geométricas evidentes. Forma-se uma imagem, e é esta que impressiona os receptores. No caracol, e mais ainda no polvo e em nós próprios, os olhos são pares e formam duas imagens do mesmo campo. Sabe-se que a distância entre estes dois olhos e a orientação dos respectivos eixos (paralaxe) é responsável pelas diferenças entre as duas imagens, o que proporciona uma informação suplementar do sentido da profundidade dos objectos: um objecto próximo pode, efectivamente, apresentar a sua face direita no campo coberto pelo olho esquerdo e a sua face esquerda no campo coberto pelo olho direito, ou então pode ocultar outro objecto num campo e não no outro. Estas informações suplementares são preciosas porque fornecem a situação relativa dos objectos numa terceira dimensão, mas supõem que os campos cobertos pelos dois olhos possuem uma parte comum, o que está longe de ser o caso geral dos vertebrados. Esta capacidade de avaliar a profundidade, portanto, a distância que separa o observador de cada objecto, constitui evidentemente uma vantagem para os animais predadores e para os que se deslocam nas árvores e têm de saltar de ramo em ramo; aves de rapina, carnívoros e primatas possuem, na verdade, dois olhos cuja disposição frontal lhes assegura uma recepção binocular.

O terceiro olho

Curiosamente, os vertebrados possuíram primitivamente três receptores foto-sensíveis, talvez mesmo três formadores de imagem: aos olhos laterais acrescentava-se um terceiro olho mediano, chamado olho pineal* em consequência da sua transformação na glândula do mesmo nome na maior parte das formas actuais. Se o princípio geral de construção destes dois tipos de olhos é idêntico — o princípio da câmara fotográfica — a estrutura da superfície receptora é diferente. Assim, tal como acontece com o olho vesiculado dos moluscos, no órgão ímpar a luz incide directamente nos prolongamentos sensíveis das células que revestem a parede da cavidade, ao passo que nos olhos laterais a luz atinge a base das células cujos prolongamentos sensíveis se dirigem para o interior (retina invertida). O olho pineal, situado no topo da cabeça, com um orifício na parede dérmica que lhe permite receber a luz, existe desde os ostracodermes até aos répteis; a sua estrutura, aliás, é nestes últimos mais a de um órgão glandular que a de um órgão sensorial.

A existência do «terceiro olho» na espécie humana, refugiado nas profundezas da caixa craniana, tem feito correr muita tinta e permite as interpretações mais fantasiosas. Pode dizer-se que não passa um ano sem que a questão não volte à superfície, sem todavia afectar a reputação do monstro de Lochness junto dos amadores de enigmas. Na origem, o olho pineal partilhava provavelmente as informações luminosas com os olhos laterais. Dada a nossa deformação em consequência do carácter de certo modo instantâneo da nossa visão, esquecemos que a luz veicula também ensinamentos importantes sobre os ritmos cósmicos, tais como a duração da iluminação em relação à obscuridade ao longo do ciclo anual. Sabe-se que estes ritmos têm uma importância considerável no funcionamento interno do organismo, e não só para as funções reprodutoras cuja actividade é geralmente sazonal. É possível que o olho médio tenha tido a seu cargo este tipo de informações fornecidas pelas radiações solares e que delas tenha sido destituído em proveito de um tipo único de receptor. Seja como for, observa-se, ao longo da evolução, uma redução da parte óptica deste órgão, transformando-se as células sensoriais sem perder a sua relação com o sistema nervoso, ao passo que a parte glandular se desenvolve até se converter numa glândula, a epífise*, que nos mamíferos se acha coberta pela expansão considerável dos hemisférios cerebrais. Ignora-se ainda a função deste órgão, que é vestigial, como o é também o apêndice vermiforme do nosso tubo digestivo. Parece que os órgãos vestigiais intervêm em funções diferentes da sua função original, como se os materiais deixados no decurso das transformações evolutivas pudessem ser utilizados de novo pelas faculdades de improvisação do organismo. A formação da cabeça, quando da passagem da respiração aquática para a respiração aérea, oferece-nos alguns exemplos neste sentido. Da mesma maneira, os membros posteriores que subsistem nas gibóias, por exemplo, já não servem para a locomoção, mas intervêm no acasalamento e chegaram até a converter-se em alvos para as harmonas sexuais, porque se encontram mais desenvolvidos nos machos. Por este motivo se torna lícito supor que o olho médio, órgão foto-sensível, se tenha tornado algo completamente diferente ao longo da evolução.

Estrutura do olho

Se bem que as grandes linhas de desenvolvimento dos olhos laterais sejam idênticas para todos os vertebrados, o resultado mostra características diferentes consoante se trata de um peixe, de uma ave ou de um homem. Nenhum outro órgão dos sentidos se acha numa relação tão directa com a parte superior do sistema nervoso. Chegou até a dizer-se que a retina constituía a única parte móvel do cérebro. Enquanto este último não passava ainda de um simples tubo, apresentando na região do futuro cérebro apenas três intumescências sucessivas, cérebro anterior, cérebro médio e cérebro posterior, a parede interna da primeira vesícula, ainda chamada prosencéfalo*, mostra de cada lado uma pequena reentrância: a goteira óptica. O embrião humano está, nesse momento, no décimo oitavo dia de desenvolvimento. A tumefacção da zona óptica forma uma vesícula que entra em contacto com a face interna do revestimento ectoblástico. Mesmo em frente da vesícula, este reage espessando-se: esboça-se, então, o cristalino. Em seguida, escava-se a vesícula, formando um corte ligado ao cérebro pelo pedículo óptico, futuro nervo óptico. As duas paredes da vesícula reúnem-se, constituindo a retina, e os bordos do corte vêm encerrar o cristalino no espaço interno do globo ocular. Um tecido fibroso (conjuntiva) forma os invólucros nutritivos e protectores: coróide*, esclerótica* e córnea. Na sua face anterior, a esclerótica é de um modo geral, e sem dúvida primitivamente, reforçada por placas ósseas. O olho é, portanto, um órgão sensorial complexo em que participam vários tecidos, mas a parte sensível, sem a qual todo o resto (a parte óptica) é inútil, provém exclusivamente do tecido nervoso: é a retina. Esta preciosa membrana que reveste toda a superfície interna do invólucro ocular, deixando livre apenas um orifício diante do cristalino, a pupila, tem uma estrutura variável consoante as zonas. Em toda a sua porção sensorial, isto é, desde o fundo do olho até ao nível do cristalino, é constituída principalmente por uma sucessão de quatro camadas celulares. Do exterior para o interior, células pigmentares, as células foto-sensíveis, células nervosas (neurónios*) de reserva, células chamadas ganglionares, cujas fibras correm à superfície da retina e convergem para um ponto para formar o nervo óptico. A retina, por conseguinte, está invertida, uma vez que a luz tem de atravessar três camadas antes de chegar a excitar os receptores; atravessa até as ramificações dos vasos sanguíneos que chegam ao interior do globo com o nervo óptico. A camada externa, cujas células hexagonais formam um revestimento contínuo e estão fortemente carregadas de pigmentos, negro (melanina), branco (guanina), amarelo ou vermelho, faz as vezes de superfície de paragem da luz: esta é absorvida pelo negro ou reflectida. Em certos animais, a reflexão é tão forte no revestimento retiniano que o olho aparece como fonte luminosa. É o caso dos crocodilos, de certas aves e de numerosos mamíferos de vida nocturna, facilmente detectáveis à noite no feixe luminoso de uma lanterna por causa dos olhos vermelhos ou amarelo-esverdeados. A ausência congénita de pigmentos nos albinos confere aos seus olhos uma tonalidade vermelha que é devida aos vasos sanguíneos que nutrem o olho, reflectindo-se a luz na face interna dos invólucros externos (coróide e esclerótica).

A camada dos receptores visuais compreende dois tipos de células alongadas, os cones* e os bastonetes*, dispostos lado a lado em profundidade e, devido à concavidade geral, segundo os raios do globo; cada um recebe, assim, um ponto da imagem. A repartição destas duas categorias de receptores não é uniforme na retina humana. Os cones agrupam-se na quase totalidade no centro de uma pequena área situada não longe do pólo posterior do olho: a mancha amarela*. Nesta zona particular, ou *fovea centralis*, os cones estão em relação individual com uma célula condutora. A análise é, portanto, a melhor possível, o que justifica o nosso alto poder de acuidade. Esta disposição caracteriza alguns animais: certos peixes, certos répteis, quase todas as aves e, entre os mamíferos, os primatas. Os bastonetes, quase quinze vezes mais numerosos, repartem-se por todo o resto da retina. Em comparação com os cones, podemos considerá-los característicos da periferia retiniana. Contêm um pigmento, a rodopsina* ou púrpura retiniana, que é destruído pela luz e tem de ser regenerado a partir da vitamina A. Vários bastonetes estão ligados por intermédio de uma célula de reserva a uma única fibra do nervo óptico, o que explica a falta de acuidade na análise e a melhor sensibilidade do sistema. Os bastonetes são, assim, responsáveis pela visão em condições de fraca visibilidade. Em face da necessidade de obter uma informação visual precisa, há que fazer incidir a imagem do objecto na região central do olho, ou seja, há que fazer coincidir o eixo óptico com a linha que une o olho ao objecto. Este resultado consegue-se graças à mobilidade dos olhos e da cabeça. A maioria dos animais revela reacções motoras desse tipo desde que um objecto se destaque do campo, quer pelos seus movimentos, quer pela significação particular que a sua forma ou cor revestem para o animal observador. A vivacidade destes movimentos dos olhos nos macacos e, em menor grau, no cão, dá-lhes uma semelhança de expressão com a espécie humana e permite--lhes uma certa acuidade da vista. É sinal de uma concentração da atenção visual e nada tem a ver com a capacidade de comprensão daquilo que é percebido. Os próprios olhos constituem um ponto de atracção para a maior parte dos animais. Além de assinalarem o pólo anterior do corpo dos outros, a fixidez relativa destes objectos em relação ao resto do corpo, deve provavelmente excitar mais particularmente a atenção do observador e frequentemente desencadear nele o medo e a agressividade. Talvez seja esse o sentido dos «falsos olhos», tão frequentes nos fenómenos de camuflagem natural, ou até o facto de os anúncios e os cartazes serem rasgados de preferência ao nível dos olhos das personagens.

Evolução do olho

A constância da organização do olho nos vertebrados tem, não obstante, permitindo variações importantes que por vezes se podem fazer corresponder ao modo de vida, ou que são a expressão de uma via evolutiva independente escolhida por um grupo inteiro. Na origem, o olho era, sem dúvida, pouco móvel, encastado na couraça dérmica e em parte coberto por placas escleróticas protectoras. A presença ancestral dos músculos motores, cujas impressões se conservaram no osso, e o volume relativamente importante do globo, permitem pensar que o olho se tornou um órgão essencial nos vertebrados quando da passagem da vida nos fundos lodosos para a procura activa das presas, capturadas nos maxilares articulados. A visão de um objecto aproximado, como seja o caso de uma presa, necessita de uma modificação das condições de formação da imagem. A nitidez desta depende, com efeito, da sua formação na vizinhança imediata dos receptores foto-sensíveis, senão todos os pontos que a constituem ficam desfocados, uma vez que os raios luminosos que a compõem são interceptados antes ou depois da sua convergência; um ponto luminoso converte-se numa mancha de contorno vago. A acomodação consiste em modificar a convergência da lente do cristalino. O primeiro processo utilizado parece ter consistido numa deslocação do cristalino por meio de pequenos músculos retractores, como nos peixes ósseos, ou por músculos protrectores nos peixes cartilaginosos e nos anfíbios. É o princípio da focagem nos aparelhos fotográficos. O segundo tira partido da estrutura complexa do cristalino, formado por lamelas transparentes e subtis, para obter, pela acção de fibras musculares, um aumento da convexidade das superfícies atravessadas pela luz. As lentes artificiais são fabricadas com materiais muito pouco deformáveis. Eis por que este processo, generalizado nos vertebrados terrestres a partir dos répteis, é desconhecido na nossa tecnologia.

Outras diferenças apareceram entre os grandes grupos de vertebrados. Algumas relacionam-se com a forma dos receptores, cones e bastonetes, ou com a sua distribuição na superfície retiniana. É assim que o olho dos animais nocturnos ou que vivem nas profundezas obscuras do mar (fossas abissais) não possuem senão bastonetes. Em grande número de aves e lagartos existem duas zonas ricas em cones: por um lado, a zona central que nós possuímos, situada no eixo óptico do olho; por outro, uma zona situada no campo periférico externo (temporal) da retina. Nestes animais, os olhos situam-se de preferência dos lados da cabeça, mas a estreiteza do focinho ou do bico permite que alguns raios frontais entrem nos dois olhos (visão binocular parcial) e atinjam a parte temporal da retina. A existência de duas fóveas confere a este tipo de olho uma acuidade máxima, simultaneamente no centro do campo de cada olho e no campo coberto pelos dois, evitando assim ter de os fazer convergir, o que seria, aliás, anatomicamente impossível nestes animais. A vida em galerias subterrâneas (répteis fossadores, toupeiras, etc.), em cavernas profundas (anfíbios, numerosos peixes) e nas profundezas abissais, é acompanhada por uma redução do sistema ocular que atinge quer a dimensão do olho e a transparência do tegumento, quer a organização dos receptores. Lamarck via aí a influência do desuso. Outros viram aí a capacidade de sobrevivência de mutantes cegos salvos da concorrência pela sua chegada a um meio obscuro. O problema levantado por estas formas está longe de ser simples. O controlo destas reduções é, evidentemente, de ordem genética; fazem parte das características hereditárias destas espécies, e o regresso à luz não provoca nenhum regresso aos olhos normais. Mais: os trabalhos efectuados sobre o proteu*, esse anfíbio das cavernas jugoslavas, mostraram que nenhum esboço ocular de uma espécie não cega se desenvolve enxertado na larva deste animal, do mesmo modo, aliás, que o esboço de um olho de proteu enxertado numa larva de tritão. Alguns destes animais cegos são-no sem dúvida há tanto tempo que já não é possível despertar o poder do organismo de formar olhos funcionais. Terá desaparecido do seu programa genético ou encontra-se simplesmente bloqueado? O estudo de formas como as dos peixes das cavernas cubanas, menos modificadas que o proteu e com parentes muito próximos dotados de olhos, com os quais se pode cruzá-las, permitiu precisar a transmissão hereditária deste carácter. É notável verificar que ele se acha associado a um desenvolvimento mais acentuado doutros sistemas sensoriais (papilas gustativas) que parecem compensar a deficiência visual na procura das presas.

Paradoxalmente, a vida nos meios obscuros é, por vezes, acompanhada por uma hipertrofia dos olhos. É o caso de certos peixes abissais de olhos «telescópicos» cilíndricos. Pode estabelecer-se um paralelo entre a persistência destes receptores visuais e o desenvolvimento das glândulas tegumentares produtoras de luz, mas ignora-se verdadeiramente a função exacta destas lanternas, dada a existência de espécies cegas que também as possuem. Um certo número de factos permite pensar que a vida na obscuridade teve sempre grande importância entre os animais. Grande parte deles é activa durante as horas em que o Sol se oculta e nos espaços subtraídos à luz directa. É actualmente o caso dos mamíferos mais primitivos (marsupiais americanos, insectívoros), considerados imagens próximas das formas ancestrais, embora tenham tido a sua evolução própria desde a época de origem do grupo. Foi mesmo possível avançar-se a hipótese de que as primeiras formas de mamíferos se tinham diversificado à noite, beneficiando do espaço deixado livre pelos grandes répteis, cuja actividade devia estar ligada à captação de energia solar. É preciso, todavia, evitar a generalização, na medida em que se ignora ainda grande número de elementos respeitantes às condições climatéricas das épocas passadas e à sua distribuição pela superfície do globo. Assim, vários répteis actuais são activos à noite em regiões onde o nível térmico ambiente apenas sofre pequenas variações.

Quanto aos répteis gigantes do secundário, alguns parecem ter sido capazes de manter a temperatura interna a um nível elevado; por outro lado, as aves, cujo metabolismo é bastante elevado, representam hoje os seus parentes mais próximos. A competição entre as formas vivas impele as espécies a utilizarem todos os espaços disponíveis, combinando a dispersão no espaço e no tempo. As fontes alimentares são, deste modo, utilizadas no máximo. Entre os primatas, grupo a que pertencemos e para o qual o sentido visual é preponderante, uns possuem um olho de tipo «nocturno», com uma camada reflectora *(tapetum lucidum)* que «recupera» toda a energia luminosa e a reenvia às células retinianas; outros, como o homem, possuem um olho «diurno» com uma mancha amarela capaz de analisar finamente os pormenores de uma imagem muito luminosa. Mas há excepções em ambos os casos: certos lémures malgaches são diurnos apesar de terem uma retina «nocturna»; em contrapartida, o társio e o macaco americano são activos à noite, conservando na sua retina uma mancha central e não possuindo camada reflectora.

As capacidades do sentido visual

Para nos conservarmos fiéis ao espírito deste capítulo, que pretende tratar unicamente dos órgãos dos sentidos, não abordaremos aqui o problema da visão. Trata-se, na realidade, de um fenómeno cerebral. É, porém, necessário referir as capacidades visuais. Se, aparentemente, são fáceis de testar no caso do homem, que se submete voluntariamente à experimentação e nela colabora, podendo dizer «o que vê» e dentro de que limites, outro tanto não acontece com os animais. Temos, neste caso, dois tipos principais de métodos de exploração: métodos indirectos que utilizam o princípio dos reflexos condicionados de Pavlov, isto é, um treino pelo qual uma forma ou uma cor é associada a um estímulo alimentar, e métodos directos que registam as actividades eléctricas dos receptores quando da sua excitação por diferentes cores ou intensidades da luz.

A complexidade destes dois processos permitiu conhecer com grande precisão as capacidades visuais de algumas espécies pertencentes aos grandes grupos de vertebrados e situar o homem, consequentemente, neste quadro comparativo. Começou por se saber que o poder de perceber como distintos dois pontos do campo (acuidade visual), que resulta da riqueza em cones da mancha central, necessita de um certo nível de intensidade luminosa. Abaixo desse nível, só os bastonetes reagem. Outro tanto se passa com a distinção dos diferentes comprimentos de onda das vibrações luminosas. Para os animais cuja retina é pobre em cones, ou os não possuem de todo (é o caso de muitos tubarões, gecos, que são lagartos nocturnos, e da maior parte dos lémures), não só a mensagem enviada ao cérebro se apresenta empobrecida em relação à riqueza de pormenores da imagem, mas também as modulações cromáticas se acham ausentes. Da mesma maneira, à noite, dado que só os bastonetes são capazes de reagir ao fraco nível luminoso, as cores são reduzidas a valores; «todos os gatos são pardos», diz o senso comum para traduzir este fenómeno. Na realidade, não é possível deduzir seguramente as capacidades visuais de um animal partindo exclusivamente da proporção entre cones e bastonetes, porque se encontraram numerosos casos de formas celulares que parecem ser termos de transição de um tipo para o outro. Só a experimentação nos pode, neste caso, fornecer indicações precisas. É necessário também não esquecer que, no que diz respeito às cores, a excitação que produzem ao nível dos receptores não nos pode garantir que são percebidas tal como nós as percebemos, ou seja, exactamente sob a forma de «cores do arco-íris». O mecanismo de transformação da energia luminosa de diversos comprimentos de onda em mensagem nervosa faz intervir reacções de natureza fotoquímica, cujas fases ainda não identificámos na totalidade e que, provavelmente, não são idênticas para todos os vertebrados. De todos os sentidos, a vista é certamente o que põe em jogo a maior complexidade, na medida em que o excitante é, em si mesmo, um factor físico complexo, uma modulação energética cujo nível não é simplesmente mecânico, como acontece com o som.

Sentidos que nos escapam

Para terminar este assunto da sensibilidade aos agentes do mundo ambiente, convém citar certos casos durante muito tempo insuspeitados. Determinados animais são capazes de extrair regularmente informações essenciais a partir de fenómenos físicos produzidos a um nível que não provoca qualquer reacção nos nossos receptores. Assim, certos tubarões localizam uma presa viva escondida na areia pelo fraco campo eléctrico que dela emana, e há serpentes, em particular os crótalos, que possuem de cada lado do lábio superior (inferior noutros casos) reentrâncias em cujo fundo se encontram receptores térmicos que reagem à variação de uma fracção de grau centígrado. Se um animal gerador de radiações calóricas (infravermelhas) passar na proximidade, a sua direcção e, provavelmente, a sua estatura são imediatamente detectados. Em nenhum dos casos se trata de sentidos misteriosos ou novos, mas sim de uma sensibilidade geral muito mais especializada.

A sensibilidade ao nosso próprio funcionamento

O domínio da nossa sensibilidade estende-se às excitações engendradas pelo funcionamento do nosso corpo: campos intoroceptivo e proprioceptivo. As mensagens seguem vias distintas e são tratadas em centros diferentes daqueles que se ocupam da sensibilidade ao mundo exterior. Estas informações não têm a mesma significação biológica imediata, pelo menos aquelas que provêm das vísceras. Deve, no entanto, notar-se que a maior parte das que provêm dos músculos e dos ossos (propriocepção) se acham estreitamente ligadas ao mundo exterior, pois é da nossa acção em relação com o mundo exterior que elas resultam. Esta divisão em vários campos perceptidos, sem dúvida cómoda, oculta a realidade de uma complementaridade indispensável entre as mensagens procedentes do exterior e as que dão, simultaneamente, uma «imagem» da situação das diversas partes do corpo e das informações sobre os efeitos internos das acções empreendidas contra o meio. Segundo esta definição, o sentido do equilíbrio está exactamente na fronteira entre a exterocepção e a propriocepção.

Os receptores da propriocepção são receptores mecânicos cujas fibras sensíveis reagem às deformações da cápsula fibrosa que os contém. Estão situados no tecido muscular, na vizinhança dos ligamentos dos tendões, e nas cápsulas articulares dos ossos, de tal maneira dispostos em relação aos movimentos que registam as pressões, os atritos, as distensões. As suas informações permitem a adaptação de um esforço às circunstâncias exteriores, peso dos objectos, declive de uma encosta, etc. A sua função, considerável na locomoção, é tanto mais importante, por certo, quanto a necessidade, para a deslocação dos animais, da entrada em acção de grupos musculares especializados que mobilizam órgãos próprios ao exercício desta função. Por outras palavras: quando os vertebrados abandonaram a propulsão na água pelo jogo relativamente simples da ondulação do corpo e da cauda e passaram a arrastar-se sobre o solo com o auxílio das alavancas ósseas dos seus dois pares de membros, a informação proveniente dos músculos e das articulações aumentou consideravelmente. Sabemos que a maior parte das máquinas que o homem constrói hoje em dia se aproxima do modelo animal pela multiplicação, nos pontos essenciais, de receptores mecânicos que permitem, no retorno, uma melhor adaptação. Existem até, presentemente, meios de colher informações a cada instante quanto à riqueza de mistura do combustível consumido nos motores a explosão. Trata-se já de interocepção. As nossas vísceras possuem efectivamente uma grande quantidade de fibras sensíveis que permitem um balanço instantâneo, não só dos movimentos mas também das condições químicas reinantes no tubo digestivo. São, aliás, estas informações que dirigem, em grande parte, sequência das operações do funcionamento digestivo.

Entre as sensibilidades que passámos em revista há as que possuem relações privilegiadas com os centros nervosos superiores, aquelas que se concentram ao nível da cabeça, pólo exploratório privilegiado do organismo. É o caso da vista, do ouvido, do gosto e do olfacto, a que correspondem as funções cerebrais da visão, audição, gustação e olfacção. Para as outras sensibilidades, os estádios nervosos superiores não são ordinariamente solicitados, e no homem as reacções às suas informações intervêm sem que delas tenhamos consciência. No entanto, para além de um certo limiar, que é o da dor agindo como sinal de alarme, atinge-se o nível consciente, qualquer que seja a origem da excitação. O tacto é elevado ao nível de sentido especial do homem, atingindo umas eficácia tal, ao nível da polpa dos dedos, que pode suprir a deficiência do sentido visual, ainda que este seja um dos mais desenvolvidos na nossa espécie. Esta capacidade está, evidentemente, em relação com o lugar essencial que a mão desempenha na nossa vida. Mas convém não esquecer que em numerosos animais a sensibilidade táctil é também muito grande, seja por intermédio de receptores como as vibrissas do rosto, seja pela riqueza de receptores ao nível da extremidade do focinho ou dos lábios, e é também susceptível de suprir o sentido visual. Parece, pois, que as nossas mãos se encarregaram de uma função «tradicional» da face, o que pode bem significar que, nos hominídeos, elas «abriam o caminho», como faz a maioria dos animais com o focinho.

A sensibilidade do corpo nas suas diversas formas constitui não só a fonte primeira do nosso conhecimento do Mundo, mas também a malha indispensável à adaptação às circunstâncias exteriores.

III

OS ÓRGÃOS DO MOVIMENTO

Universalidade do movimento

O homem não se concebe sem movimento. A este respeito fala-se mesmo, por vezes, de uma agitação frenética. A ideia do movimento está associada à da vida e também à do pensamento activo, e desde há muito que os filósofos vêm glosando a imagem do anti-homem representado pela ostra fixada ao rochedo. Na realidade, se a deslocação não é universal, uma vez que existem animais que passam praticamente toda a vida sobre um suporte inerte, a mobilidade das partes do organismo é geral, e a que anima o interior das células é indispensável à mistura das substâncias, ao desenvolvimento das superfícies interiores de contacto. Com a divisão de trabalho que permite a diferenciação das células em categorias especializadas num tipo de funcionamento, aparecem elementos capazes de desenvolver forças mecânicas. Desde as células simplesmente contrácteis até às células musculares estriadas há evidentemente uma diferença muito grande de complexidade e de eficácia. Cada uma destas últimas, célula gigante de vários centímetros de comprimento, constitui um motor físico-químico. Com efeito, a tensão que se desenvolve entre as duas extremidades resulta de modificações físicas reversíveis ao nível de certas moléculas fibrosas do citoplasma *: a miosina e a actina. O deslizar das fibras ao longo umas das outras e a sua fixação temporária determinam a contracção. Isto é permitido por um afluxo de energia consumido no movimento de libertação das fibras, seu deslizamento e fixação. A substância energética (adenosina-tri-fosfato) é regenerada pela degradação do glicogénio * muscular, uma espécie de conserva de glucose. A contracção manifesta-se no plano mecânico por uma diminuição do comprimento da célula e por uma tensão no seu interior. As fibras, agrupadas em massas musculares, são assim capazes de exercer pressões sobre os elementos a que se acham ligadas. Esta é a origem das forças interiores que permitem o movimento, quando os elementos de ligação são livres ou deformáveis, e também o endurecimento, quando o deslocamento dos ligamentos é impossível.

Estas forças interiores preexistem necessariamente a toda a capacidade de deslocação própria. Com efeito, desde a descoberta das leis elementares da mecânica, sabemos que, à superfície da Terra, um corpo não pode adquirir mobilidade em relação ao meio ambiente se não se achar satisfeita uma das seguintes condições: que uma força lhe seja aplicada, ou que uma força seja aplicada pelo corpo ao meio. Borelli tinha já descrito estas duas condições, em 1680, numa parábola: «se estivermos numa barca numa extensão de água calma, para nos movermos é preciso uma vela, para que o vento nos empurre, ou então uma vara para aplicar sobre o fundo (ou ainda, o que vem a dar na mesma, um arpéu para enganchar numa árvore)». Só a segunda condição representa um verdadeiro «autocinetismo», essa capacidade de movimento a partir das próprias forças interiores que caracteriza a maior parte dos animais.

Toda a evolução dos vertebrados é assinalada por múltiplos aperfeiçoamentos nos mecanismos de ampliação das forças interiores e na sua transformação resultante em forças exteriores, aplicadas cada vez mais judiciosamente aos diferentes tipos de pontos de apoio oferecidos pelo meio ambiente. O princípio mais geralmente empregado é o da vara de Borelli: uma força exterior aplicada sobre o meio resistente para vencer o peso, força principal que nos liga a ele; o meio «responde» por uma força oposta em direcção e igual em valor — a reacção. É a reacção que produz a deslocação, desde que se consigam superar também duas outras forças de ligação: a inércia, que é função da massa do corpo, e o atrito contra tudo o que nos rodeia (a água e o ar, no caso da barca).

O papel fundamental do eixo vertebral

Existe um vínculo original entre a primeira característica dos vertebrados: o seu eixo de sustentação interno, segmentado, e a sua mobilidade. Esta afirmação pode chocar o nosso inultrapassável antropocentrismo, que nos faz referir mais ou menos conscientemente tudo o que pertence ao mundo vivo à imagem da espécie humana, que se desloca graças às pernas. Nos tratados clássicos de anatomia humana, a coluna vertebral e a sua musculatura não eram associadas à locomoção; reconhecia-se-lhes apenas um papel na estática. Demasiadas vezes, aliás, a patologia da região vertebral aparecia associada a «atitudes», quando na verdade deveria associar-se ao conjunto do cinetismo corporal. Por felicidade, numerosos trabalhos desenvolvidos para resolver os problemas levantados pelas reeducações pós-traumáticas funcionais, assim como pela melhoria das proezas desportivas, puseram em evidência a realidade de um conjunto de cadeiras indissociáveis na função, desde a cabeça até à planta dos pés. Há muito tempo já que a anatomia e a embriologia comparada tinham fornecido elementos que permitiam chegar a tal concepção.

Há um estádio do desenvolvimento embrionário dos vertebrados em que as células, que se dispõem sob o tubo nervoso e formam o mesoblasto, se reagrupam de cada lado de um órgão alongado, o cordão dorsal*, dispondo-se em maciços pares: os somitas. Pouca importância se concede, hoje em dia, ao mecanismo desta segmentação regular ou metameria*, que se orienta de frente para trás. Trata-se, no entanto, de uma das chaves da organização de todos os vertebrados, assim como de outros animais móveis. Polaridade antero-posterior, simetria bilateral e repetição segmental — tais são as grandes linhas que vão orientar a construção do peixe, tal como a do homem. Na região pós-cardíaca, os somitas mostram uma diferenciação numa zona profunda mais densa e numa região periférica. A primeira, ao contacto com o notocórdio*, evolui progressivamente para o tecido esquelético dos vertebrados, sofrendo um curioso desvio de ordem: cada porção somítica cinde-se em duas, e cada metade une-se com a metade vizinha, para a frente com a metade do somita precedente, para trás com a metade do somita seguinte. Daí resulta que as futuras vértebras, constituídas por duas metades de origens diferentes, ficam alternadas em relação ao somita original. Das células mais periféricas derivam células contrácteis: o miotoma*, conjunto dos músculos vertebrais. O desfasamento entre os limites das vértebras e os dos músculos vertebrais permite a estes últimos encavalitarem-se nas articulações vertebrais e mobilizar assim as peças esqueléticas. Ulteriormente, a disposição dos músculos e a forma das vértebras evoluem diferentemente consoante os vertebrados. Durante este tempo, as faces laterais do embrião acusam uma elevação pouco pronunciada, a princípio contínua, depois unicamente localizada em dois pontos: trata-se do esboço dos apêndices pares. A sua edificação necessita da intervenção relativamente complexa de vários factores. Ao que parece, prolongamentos saídos de um certo número de somitas determinam a entrada em acção do ectoblasto, que prolifera formando a extremidade do futuro membro. Na sequência das operações, a organização das diversas partes articuladas, ossos e músculos, aparece, então, sob a dependência desta coifa terminal. Temos, a este propósito, um exemplo do que se chama um desenvolvimento epigenético*. O programa genético transmitido ao ovo pela reunião de um núcleo de espermatozóide paterno com o núcleo de um óvulo começa por actuar por uma multiplicação celular. Mas esta não se efectua de maneira anárquica, pois muito cedo se desenha a orientação geral do futuro organismo. Quanto mais se avança no processo do desenvolvimento, tanto mais nos parece que cada célula contém informações sobre a sua posição em relação às suas vizinhas e, deste modo, em relação às grandes linhas de conjunto do organismo em construção. Parece improvável que todas estas informações estejam contidas, desde o princípio, no programa genético; é mais provável que sejam adquiridas sob a forma de «respostas» às «questões» postas por este programa, e estas respostas convertem-se por sua vez em questões.

Digamos por outras palavras, que a própria diferenciação celular cria situações ou acontecimentos exteriores que são um factor de prossecução do desenvolvimento. Assim, pelo jogo de questões e respostas encadeadas, os membros vão tomando o seu lugar, mas em ligação com o eixo neuro-vertebral, em particular com um certo número de nervos raquidianos que, ao distribuir-se, materializam a participação original de vários segmentos. Isto foi demonstrado há muito tempo pela formação das barbatanas dos tubarões e de outros peixes, e mais recentemente pelos vertebrados providos de patas, os tetrápodes. No homem, esta origem plurissegmental dos membros e, consequentemente, a inscrição de uma orientação antero-posterior, que não corresponde à posição normal dos nossos braços e pernas, é assinalada na repartição dos territórios enervados pelos nervos sensíveis. É preciso colocar os nossos braços em cruz, com o polegar dirigido para o alto (para a cabeça) para reencontrar esta orientação fundamental: a partir de um eixo que passa pelo dedo maior (o terceiro) repartem-se territórios anteriores (pré-axiais) e territórios posteriores (pós-axiais), que indicam uma extensão do membro sobre, pelo menos, três segmentos originais.

Poderia perguntar-se por que razão apenas dois sítios são «fabricantes» de barbatanas ou de membros, ao passo que no início do desenvolvimento parece, pela elevação ligeira de toda a parede lateral, que tal potencialidade existe ao longo de todo o corpo. Na realidade, quando se considera que cada apêndice resulta da influência inicial de vários segmentos, e supondo que o número total de segmentos não seria muito elevado nos primeiros vertebrados, não deviam restar muitos segmentos não utilizados no intervalo que separa os apêndices posteriores dos anteriores. Terá sido mais tarde, por conseguinte, que certas formas acusaram um aumento do número de segmentos (logo, de vértebras, no adulto) neste intervalo.

Desde a vida embrionária, as massas musculares situadas ao longo da coluna vertebral entram em contracção espontaneamente. É assim que os embriões de tubarão ou de tritão se agitam no interior do ovo. Curiosamente, estes músculos dorsais funcionam nos embriões das tartarugas, desaparecendo seguidamente em consequência da anquilose total entre a carapaça dérmica e a coluna vertebral. Estas contracções embrionárias são já coordenadas: quando um dos lados do corpo se contrai, o outro relexa-se; daí resulta uma ondulação lateral.

A natação primitiva

Para os primeiros vertebrados que viveram na água, a cauda servia para a propulsão. Apesar da sua densidade, provavelmente elevada em consequência da armadura dérmica, beneficiavam da impulsão hidrostática que se opõe à força de ligação do peso. Em contrapartida, a água oferece um atrito bastante elevado que se opõe ao avanço de qualquer corpo, e só produz uma reacção suficiente à acção de uma força se se consegue deslocar para trás uma massa pelo menos igual à do corpo. Quando nadamos de uma maneira simples, espontânea, impelimos a água para trás com o auxílio dos braços e das pernas, mas a cada movimento de impulso, portanto, de reacção positiva do fluido, sucede-se um movimento de regresso dos membros que cria um impulso em sentido inverso e trava o movimento. Apesar de todas as sofisticações introduzidas nos métodos de natação, e do facto de se recorrer geralmente ao retorno dos braços pelo ar e aos batimentos de pés, não possuímos a eficácia e o dinamismo dos vertebrados verdadeiramente aquáticos. Com efeito, acontece nestes que o movimento de impulsão é exercido continuamente para trás graças às ondulações do corpo, quer no sentido lateral (peixes), quer no sentido vertical (cetáceos). O corpo é flectido e, pela propagação desta flexão para trás, a porção convexa exerce um impulso oblíquo sobre a água. A direcção é mantida graças à existência de um impulso idêntico de cada lado, pelo menos em dois pontos do corpo, e à concentração da massa na zona anterior (grande cabeça), mantida rígida, ao nível do diâmetro máximo. A formação ulterior de barbatanas pares constituiu um mero aperfeiçoamento da estabilização (estabilizadores). Os tubarões constituem, assim, projécteis ideais em meio aquático.

A saída para terra firme

Quando, nas lagunas do carbonífero, apareceram estranhos animais que vinham respirar o ar atmosférico e cujos apêndices pares se haviam convertido em suportes articulados, já não pareciam possuir as condições requeridas para uma natação satisfatória. Dos ancestrais haviam conservado o essencial do plano de organização que se revelara tão eficaz: uma simetria bilateral a partir de um eixo de sustentação articulado, a coluna vertebral; as massas contrácteis dispostas dum lado e doutro em compartimentos regularmente constituídos, com um pólo anterior que concentrava os principais órgãos de relação com o exterior, boca e órgãos de conhecimento do Mundo, dois pares de apêndices móveis solidamente fixados por cinturas. Mas as condições físicas que tiveram de enfrentar desde que passaram a arrastar-se fora do lodo das margens eram muito diferentes. O peso convertia-se na força de ligação principal e a cauda revelava-se ineficaz; as suas ondulações não deslocavam para trás uma quantidade de ar suficiente para proporcionar uma força de reacção positiva. Os pontos de aplicação das forças exteriores, até então espalhadas por toda a superfície das paredes do corpo imerso, concentraram-se em quatro pontos apenas: os pontos de contacto dos membros com o solo. Eis por que estes vertebrados, os estegocéfalos, são chamados os primeiros tetrápodes (em grego: que possui quatro pés). Por muito tempo ainda, a coluna vertebral e a musculatura que une cada segmento ao seu vizinho continuaram a ser os elementos motores principais. Com efeito, a avaliar pelo estudo dos tritões e das salamandras, que nos dão uma imagem aproximada dos primeiros tetrápodes, os membros são principalmente transmissores das forças exercidas pela musculatura do dorso. Esta, curvando a coluna vertebral, faz bascular as cinturas, alternadamente, para a esquerda e para a direita, ficando um membro de algum modo lançado para diante enquanto o seu simétrico se finca firmemente no solo e assim transmite o impulso. O peso dos estegocéfalos traduz-se pela espessura dos ossos dos membros, cuja função era, na altura, essencialmente estática. Era necessário resistir ao aluimento do solo antes de poder efectuar qualquer impulso. A coluna vertebral reflecte também estas novas necessidades mecânicas.

A flexibilidade dos peixes resulta simplesmente da sua construção por meio de elementos alinhados pelas extremidades e unidos por uma bainha fibrosa, que serve de armadura interna para os compartimentos musculares e de mola no vaivém das ondulações. Desde que o organismo se estabelece entre dois pontos afastados, toda a parte do corpo situada entre estes pontos é solicitada pelo peso. O ventre tende a arrastar-se sobre o solo, o que constitui uma fonte de atrito, e a coluna vertebral fica submetida a uma tracção para baixo que, se não fosse contrabalançada, se manifestaria por uma curvatura num plano vertical, incompatível com a flexibilidade num plano horizontal necessária à mudança de apoio. É assim que aparecem vértebras de articulações por vezes complicadas, como outras tantas peças mecânicas encadeadas com precisão para só permitirem certos movimentos, mas também uma disposição nova dos músculos. As massas musculares do tronco, quase segmentais nos peixes, dividem-se nos tetrápodes em feixes com a forma de camadas sobrepostas que se fixam directamente às partes ósseas. Alguns destes feixes juntam os prolongamentos dorsais das vértebras, situados no cume do telhado ósseo que protege a medula espinal. Constitui-se, então, um verdadeiro sistema de crispação da coluna vertebral. Pôde-se compará-la a uma ponte suspensa; é, na verdade, graças à acção dos músculos e dos tendões, por um lado, e à resistência das vértebras, por outro que a região abdominal e todas as vísceras que ela contém ficam suspensas sobre o solo entre os pilares dos membros. Mas há que desconfiar das comparações e ver os limites da verdade que elas exprimem. Também se compararam os vertebrados quadrúpedes a uma tábua firmemente assente nos seus quatro pés. O pior é que nunca ninguém viu uma mesa andar, assim como é preferível que uma ponte suspensa não ondule.

Estas imagens põem em evidência o papel estático da coluna vertebral e dos quatro pontos de apoio sobre o solo; mas são impotentes para explicar que, uma vez preenchidas estas condições de estabilidade, o problema que se põe ao animal para conseguir o deslocamento é romper temporariamente este equilíbrio. Dos estegocéfalos ao homem, a história da locomoção é assinalada por formas cuja anatomia revela dispositivos particulares que permitem uma deslocação eficaz. De cada vez se resolvem, simultaneamente, as necessidades estáticas e as dinâmicas.

A significação evolutiva da locomoção

Deste modo foram conquistados todos os espaços continentais, e certos animais chegaram mesmo a regressar ao meio aquático. A locomoção aparece, então, como um dos factores que, no decurso da evolução, contribuíram para uma maior liberdade em relação ao constrangimento do meio exterior. Quando digo «locomoção» entendo a expressão no seu sentido lato, que inclui as especializações anatómicas, a que poderíamos chamar mecânicas, as capacidades de produção pelo animal de uma energia suficiente para cobrir o dispêndio implicado por esta luta contra as forças físicas de ligação e, finalmente, um comando nervoso suficientemente preciso para fazer face às circunstâncias incessantemente variáveis do meio. É, pois, tendo em conta estas três componentes, mecânica, energética e nervosa, que se pode tentar seguir uma linha de aperfeiçoamento ao longo da evolução. Mas é impossível fazer uma classificação dos resultados entre os animais especializados actuais. Não se podem comparar uma máquina de costura e uma motocicleta senão medindo o nível de energia produzida, analisando como, por uma repartição mais ou menos judiciosa das forças, uma parte desta energia se transformou em trabalho, e se estas máquinas respondem viva e eficientemente às variações das resistências encontradas. Mas como empreender uma investigação deste tipo em animais desaparecidos para sempre?

Mais uma vez, temos de conjugar os dados saídos do estudo dos restos dos fósseis com outros dados mais completos fornecidos pelos animais actuais. No que diz respeito à locomoção, os animais desaparecidos fornecem elementos muito preciosos. Por um lado o esqueleto, isto é, as peças principais da máquina, as alavancas e roldanas, cujo comprimento se pode medir e avaliar o grau de mobilidade, por outro, os vestígios deixados na lama que, ligeiramente endurecida quando de uma seca, foi em seguida coberta por novo depósito de lodo. Estes documentos relativamente excepcionais constituem verdadeiros registos da marcha destes animais. Infelizmente, não é possível associar directamente esqueletos e vestígios. Quando muito, graças à datação geológica das camadas, podemos dizer que este é contemporâneo daquele.

Por exemplo: possuímos magníficas pistas da época dos estegocéfalos, os primeiros vertebrados a pisar terra firme. As impressões das pegadas dos nossos longínquos parentes foram descobertas, em França, em lajes datadas do fim da era primária (há cerca de duzentos milhões de anos) na bacia de Lodève. Em alguns destes preciosos documentos, infelizmente raros, as impressões são suficientemente numerosas e claras para constituir uma pista análoga àquela de que um bom caçador sabe tirar partido: direcção da deslocação, número de dedos da mão e do pé, estatura e peso relativos dos quartos traseiros e anteriores, modo de andar do animal, isto é, maneira de colocar os membros numa ordem determinada em função do tempo (passo, trote, galope...).

Para assegurar um máximo de informações é necessário analisar, nos animais actuais, os mecanismos que determinam, ao fim e ao cabo, o traçado deixado no solo. Soltando em cima de uma folha de papel salamandras e tritões que previamente andaram a patinhar na tinta de escrever ou de pintar paredes, obtêm-se pistas muito semelhantes às da maior parte dos fósseis, o que significa que existe uma identidade de mecanismos entre os tetrápodes, desde a origem. Um registo deste tipo permite, por outro lado, avaliar a estatura do animal. Com efeito, podemos ver que a distância entre duas impressões sucessivas da mesma pata está ligada ao comprimento da pata. Evidentemente que o resultado é meramente aproximado, uma vez que o movimento da passada nem sempre é efectuado com o máximo de amplitude. A mesma reserva deve ser feita para uma avaliação do comprimento do tronco a partir da distância das impressões das mãos e dos pés. Mas, se fixarmos através do cinema as diferentes fases do movimento cujo resultado se inscreve progressivamente no papel, passamos a dispor de uma dimensão nova: o tempo decorrido entre cada impressão, a ordem de intervenção de cada membro, a velocidade média do animal.

A este respeito, lembremos que Marey preparou o seu cronofotógrafo, que havia de transformar-se no cinematógrafo, precisamente para melhor analisar os movimentos dos animais e do homem. Com efeito, esta técnica fixa não só os instantes sucessivos do fenómeno mas, se a cadência da captação de imagem for regularmente conhecida, permite medir o trajecto de um ponto da imagem em função do tempo. A superioridade da invenção de Marey sobre a de Muybridge, que efectuava as mesmas investigações nos Estados Unidos com uma bateria de aparelhos fotográficos, reside na possibilidade de reproduzir o fenómeno à vontade pela projecção, de modificar a sua duração real e até de inverter a sequência. A partir desta época, o processo aperfeiçoou-se sem se afastar do princípio inicial. É possível, hoje em dia, analisar o movimento das alavancas esqueléticas e já não apenas os segmentos do corpo, graças à conjugação da imagem radiográfica e do cinema. Assim, as características da deslocação de um animal, cuja resultante se inscreve nas impressões deixadas no solo, podem ser explicadas pelo movimento complexo das diferentes partes do esqueleto. Pela anatomia, identificam-se as massas musculares que mobilizam os membros e o tronco, e podem localizar-se os pontos de aplicação das forças interiores. Comparando as formas actuais e as desaparecidas, torna-se então possível localizar os relevos dos ossos correspondentes aos ligamentos musculares e reconstituir a atitude e a forma exterior prováveis do corpo de animais de que não possuímos senão os esqueletos mais ou menos completos. Este trabalho paciente não está, obviamente, isento de escolhos, pois muitas incógnitas subsistem, inclusivamente na compreensão do movimento dos animais actuais. O exame dos vestígios fósseis ensina-nos com segurança que a locomoção dos tetrápodes primitivos era geralmente lenta. A ordem de intervenção dos membros era do tipo diagonal, de acordo com a regra quase geral, mesmo nos mamíferos actuais. A oscilação dos braços no homem traz a marca deste tipo: quando um membro anterior avança, o seu movimento é seguido (ou acompanhado) pelo do posterior situado do outro lado. A progressão mais simples pode descrever-se deste modo: elevação da mão esquerda, que vai pousar um pouco mais adiante, elevação e apoio do pé direito, elevação e apoio da mão direita, elevação e apoio do pé esquerdo. Tal é, por exemplo, a marcha lenta de uma salamandra. Em cada instante, três das suas patas estão em contacto com o solo, o que lhe assegura a estabilidade. Certos vestígios cujas impressões se encontram espaçadas quase regularmente em duas filas revelam este tipo de progressão laborioso mas seguro. Muitas vezes também, as impressões posteriores (geralmente maiores e de cinco dedos) e as anteriores (de quatro dedos nos anfíbios) aparecem reagrupadas duas a duas. Isso quer dizer que o animal avança numa situação de relativa acrobacia; lança cada membro bastante para diante, encurtando a duração do tempo de apoio necessário a este momento passado sem contacto com o solo. O encurtamento relativo do tempo de apoio pode ser de tal ordem que um membro se eleve antes que o membro diagonal atinja o solo. Durante um curto instante, o animal apoia-se apenas nos seus dois membros diagonais; isto permite aos posteriores apoiar-se na pegada do anterior do mesmo lado, uma vez que se acham desfasados e não podem encontrar-se: é a corrida. A rapidez do movimento tende a diminuir o período de instabilidade mas supõe um dispêndio maior de energia, não só para assegurar o impulso durante um espaço de tempo muito breve, mas também para mobilizar os membros mais frequentemente por unidade de tempo. Há, evidentemente, uma caso limite no processo que acabámos de descrever: um membro diagonal pode elevar-se antes que o outro atinja o solo, ficando então o animal sem qualquer contacto com o solo. Este limite chama-se trote; os diagonais funcionam aqui em alternância de fase, ficando cada um pousado durante o tempo de elevação do outro e até, no caso do trote rápido, permanecendo pousado menos tempo que o outro está levantado; pode ver-se, então, a impressão dos posteriores passar à frente das dos anteriores. Para ganhar ainda mais tempo durante o apoio de cada membro, é preciso que os seus movimentos sejam separados, porque a suspensão no ar tem de ser de curta duração: a da fase ascendente de uma curva balística, antes da queda. Com efeito, o corpo comporta-se, durante a suspensão, como um projéctil. Chega-se, assim, ao galope: quando um dos diagonais fica desunido, fazendo-se o apoio do seu posterior antes da acção do diagonal e o do anterior logo que o posterior deixou o solo. Estão assim em contacto com o solo, sucessivamente: um posterior, dois posteriores e um anterior. Depois o animal fica suspenso no ar, e cai novamente sobre um só pé. O máximo de potência é atingido durante a fase de contacto de dois membros posteriores ao mesmo tempo, sendo o animal verdadeiramente projectado, como no caso do salto. O ponto de queda da trajectória balística teórica situa-se mais longe. Os vestígios são muito diferentes dos deixados por um animal a passo ou a trote. Caracterizam-se pela descontinuidade importante que introduz a fase de suspensão. Julgou-se poder interpretar certas pistas de dinossauros como o resultado de um galope, o que implicaria a capacidade de dispor de um alto nível de energia, sobretudo se se levar em linha de conta a massa considerável destes famosos répteis. Esta observação reforça a ideia de que eles não dependiam unicamente da energia calórica exterior (ectotermia* ou pecilotermia*), como as serpentes e os lagartos actuais, mas produziam por si próprios energia suficiente para poder manter a sua temperatura, para além das necessidades de locomoção, independentemente das variações do meio. Entre os animais actuais, só os mamíferos podem verdadeiramente adoptar este andamento a galope, que aumenta consideravelmente o espaço percorrido por unidade de tempo, ou confere uma potência maior face aos acidentes do terreno pela intervenção quase simultânea dos posteriores.

Mas não se trata somente de uma questão de energia disponível. Na realidade, se observamos uma salamandra ou se reconstituirmos o esqueleto de um estegocéfalo tomando em consideração a orientação das superfícies de articulação dos ossos, ficamos com a impressão de que o animal mal se mantém sobre o solo, com as patas dispostas como os nossos braços quando efectuamos um movimento de rastejar. Ninguém pensaria tratar-se de uma posição que permite os movimentos rápidos do galope! Os membros nasceram da transformação das barbatanas laterais. Conservaram durante muito tempo esta posição que, projectando longe do corpo o ponto de aplicação sobre o solo, por meio da mão e do pé, multiplicava pelo comprimento dos membros (braço da alavanca) a força a exercer para elevar simplesmente o corpo. Grandes massas musculares ventrais, equivalentes aos peitorais que pomos em jogo no movimento de rastejar, absorviam uma boa parte da energia neste trabalho estático. Quanto aos músculos susceptíveis de transmitir pela sua acção o impulso ao solo, estirando para trás os membros transversais, as suas condições de trabalho não são favoráveis nesta posição. Em consequência da construção articulada dos membros, ligam-se ao primeiro segmento junto do centro de rotação, ombro ou anca, enquanto a resistência que têm a vencer beneficia do braço de alavanca constituído por todo o membro. Por outro lado, este último tem de tornar-se rígido pela imobilização das suas duas charneiras: o cotovelo e o punho, à frente (articulação carpiana), atrás, o joelho e o tarso. Noutros tempos, uma grande parte da energia muscular é consumida para assegurar uma postura, manter juntas peças ósseas, impedir a abertura das charneiras, antes mesmo de se exercer um impulso sobre o solo. O essencial deste impulso, já o dissemos atrás, é inicialmente fornecido pela contracção alternada das massas musculares que correm ao longo da coluna vertebral e pela ondulação lateral que daí resulta. É, em suma, o resto do funcionamento natatório; só que, neste caso, os músculos fixam-se sobre as vértebras e as costelas e garantem-lhes, a mobilidade, bem como a solidez. Tal é o segredo da ponte que ondula. Esta dualidade motriz e estática da coluna vertebral e da sua musculatura vai persistir ao longo de toda a evolução dos vetebrados, oscilando consoante os casos entre estes dois pólos funcionais. No que se refere às formas de que fazemos parte, aquelas em que os membros desempenham um papel essencial na deslocação, a história paleontológica ensina-nos que as alterações na orientação dos ossos dos membros vão modificar as condições mecânicas do seu funcionamento, permitindo-lhes uma maior eficiência motriz, diminuindo a sua desvantagem inicial na sustentação do corpo.

O desenvolvimento do papel motor dos membros

Até no tritão — tetrápode considerado como primitivo na medida em que os anfíbios foram os primeiros tetrápodes —, quando se desloca sobre o solo a toda a velocidade, as patas localizam-se na sua parte inferior, perto do plano de simetria, com o «braço» e a «coxa» conservando-se muito próximos do corpo. Cada ponto de apoio, que é ao mesmo tempo ponto de aplicação dos impulsos locomotores, situa-se portanto a uma distância mínima do centro do peso a elevar e a propulsionar. Segundo a posição ideal, os membros, sequência de alavancas articuladas, deveriam estar colocados directamente sob o centro de gravidade. Em todo o caso, quanto mais se aproximam desse centro, mais as forças musculares que se aplicam sobre estas alavancas favorecem o elemento «impulso sobre o solo» na dualidade «gravidade do corpo-impulso sobre o solo», uma vez que uma lei simples da mecânica nos ensina que o sentido de eficiência de uma força depende do produto da sua intensidade pelo braço de alavanca da sua aplicação. Podemos admirar-nos da «rapidez» com que apareceram formas cujo desembaraço locomotor devia ser incomparável com o dos estegocéfalos. Trata-se dos répteis, grupo que, provavelmente por razões de eficiência reprodutora, explodiu literalmente no dealbar da era secundária (há duzentos milhões de anos), pondo à prova, logo de início, protótipos de mamíferos e de aves, se bem que não se saiba muito bem, em face de certos fósseis, de que é que realmente se trata. No domínio da locomoção, pode dizer-se que os répteis tentaram tudo. Alguns, com a sua máquina cardiopulmonar de seres aéreos, voltaram a fazer concorrência aos vertebrados aquáticos, utilizando os seus membros como órgãos de propulsão. Exceptando as grandes tartarugas oceânicas, a tentativa terminou num insucesso. Outros lançaram-se nos ares, sem dúvida para um voo essencialmente planado, sustidos por uma membrana distendida a partir dos membros anteriores. Em terra, vêem-se os membros converter-se em pilares que sustentam massas cada vez mais consideráveis, pilares capazes de propulsionar várias dezenas de toneladas de carne, a velocidades que apenas podemos conjecturar a partir de alguns vestígios. É também nesta fase que se afirma a diferença de potencialidade entre o membro anterior e o membro posterior, diferença sem a qual é bastante difícil imaginar como poderia o homem ter aparecido algum dia. Durante o deslocamento quadrúpede, os quatros anteriores estão ligados à cabeça na medida em que é a posição desta, determinada depois da exploração do meio pelos órgãos sensoriais, que reflecte a posição do primeiro apoio. Os membros posteriores, principais pulsores, deslocam-se em relação aos anteriores pelo jogo diagonal. De resto, os tetrápodes conservavam, a princípio, uma ligação óssea entre a parte posterior do crâneo e a cintura peitoral, e nós próprios conservamos ainda relações musculares entre o crânio, a clavícula e a omoplata.

Claro que todo um conjunto de estruturas veio interpor-se para formar a região do pescoço, que começa por assegurar à cabeça uma maior liberdade exploratória e, como veremos, diversos aperfeiçoamentos no tratamento mecânico dos alimentos e na entrada de ar nas vias respiratórias. Apesar do afrouxamento das ligações anatómicas entre a cabeça e as mãos, a sua associação não é menos pronunciada no plano locomotor, e tende mesmo a reforçar-se pela sua intervenção comum na exploração do meio e na busca de alimento. Neste sentido, pode dizer-se que, desde os primeiros tetrápodes, a pata anterior teve de se constituir num órgão polivalente: a fossagem, a destruição de obstáculos, a imobilização das presas, o transporte do alimento até à boca são, de certo modo, subprodutos da mobilidade dos membros anteriores, necessária à locomoção. As excepções a esta regra fundamental da polivalência das mãos confirmam a nossa demonstração: sempre que o membro anterior se empenha totalmente na locomoção, são os membros posteriores que intervêm nas funções anexas citadas mais atrás. É o caso das aves: mantendo-se no solo exclusivamente apoiadas nos membros posteriores, é com eles que escavam e que seguram o alimento para o levar ao bico (rapaces). Da mesma maneira, as fêmeas das grandes tartarugas oceânicas, cujos membros anteriores constituem imensas paletas natatórias, escavam a câmara de postura na areia das praias à custa dos membros posteriores, com uma intervenção alternada, ao passo que, na natação, estes funcionam simultaneamente. Esta acção alternada, sobrevivência da marcha diagonal dos antepassados terrestres destes animais, perde-se todavia na tartaruga pequena logo que atinge o mar, após o nascimento. Na realidade, as pequenas tartarugas, que saem em massa das profundidades da areia onde decorreu o seu desenvolvimento embrionário, correm literalmente no andamento do trote. Apanhados pela vaga, mergulham e iniciam então o seu estilo peculiar de natação, uma espécie de voo na água, com a intervenção simultânea das grandes paletas anteriores e dos pés. Só as fêmeas voltam a terra para pôr os ovos. Arrastam, então, as suas centenas de quilos com os mesmos movimentos a que se habituaram na água, pouco eficazes e extenuantes na areia. Elas «esqueceram» a passada em diagonal das primeiras horas após o nascimento.

Que será, pois, que determina, num animal considerado primitivo, esta mudança completa de movimentos dos membros em circunstâncias precisas: entrada na água para o recém-nascido, escavação da câmara de postura para a fêmea adulta? Eis um problema apaixonante de neurofisiologia. Outros exemplos, de que o homem não é o menor, põem em evidência esta diferença de destino dos membros anteriores e dos membros posteriores. Convém lembrar que os antigos naturalistas já tinham, aliás, notado esta diferença e que é preciso esperar pelo século XVIII para que Vicq d'Azyr, professor de anatomia no Jardim das Plantas, mostre a equivalência teórica das diversas partes: braço e coxa, antebraço e perna, mão e pé, em todos os animais vertebrados. Toda uma discussão irá seguir-se para explicar esta diferença de posição no espaço: cotovelo dirigido para trás, joelho dirigido para a frente.

O predomínio da marcha posterior e as primeiras tentativas de bipedia

As formas fósseis revelaram-nos múltiplos ensaios de especialização ligados a uma evolução diferente das mãos e dos pés. Um grande número conduz à bipedia, isto é, ao apoio do corpo no solo pela acção exclusiva dos membros posteriores, confirmando o papel essencial destes últimos como transportadores. Pode perguntar-se por que razão os vertebrados, ao longo da sua evolução, não chegaram a produzir formas que marchassem sobre as mãos! Existe uma razão fundamental para a ausência (malogro?) de uma tal tentativa: a polaridade antero-posterior herdada dos seus ancestrais mais afastados, orientação privilegiada em relação ao meio e que não cessou de se reforçar pela concentração dos órgãos de exploração em torno da abertura da boca. O apoio do corpo e a sua propulsão pelos quartos posteriores é o corolário de um aumento da liberdade para o conjunto cabeça-parte anterior; por outro lado, a locomoção bípede permite andamentos mais simples, com a intervenção de dois pontos de apoio em vez de quatro. É mais fácil coordenar o movimento de dois membros, que se reduz a dois casos: a acção conjugada e a acção alternada. A primeira conduz à progressão por saltos (salto simétrico), a segunda a uma corrida cuja velocidade é simplesmente função da rapidez de regresso de cada um dos membros à sua posição inicial. Evidentemente que as condições de equilíbrio são, neste caso, muito mais precárias. Com efeito, a bipedia implica uma progressão desapoiada de toda a porção do corpo situada à frente dos apoios posteriores. O conjunto cabeça-pescoço-tronco tem de ser curto ou, em todo o caso, fortemente secundado por músculos possantes e tendões dorsais inseridos nas espinhas das vértebras e nos ossos da bacia. Os répteis não chegaram a uma solução satisfatória senão por meio de um contrapeso, como a flecha das nossas grandes gruas, sob a forma de uma cauda pesada, que em repouso devia constituir um terceiro apoio. É também o que acontece com os cangurus. Alguns lagartos actuais são ocasionalmente bípedes, quando se lançam na fuga em terreno descoberto. Dão-nos uma ideia do que deve ter sido o esbôço de uma bipedia mais elaborada: em plena velocidade, o corpo e a cauda formam um arco rígido que faz os membros anteriores deixar o solo, ao passo que os posteriores, particularmente longos, se projectam com grande rapidez bastante para diante, ultrapassando mesmo a perpendicular da cabeça. Vemos, assim, aparecer condições novas: tronco curto e rígido, pelo menos parcial ou temporariamente, alongamento dos membros posteriores em valor absoluto ou em relação com os segmentos anteriores. O essencial da massa corporal tende a concentrar-se na bacia, de tal maneira que o centro de gravidade se projecta entre os apoios. É entre os dinossauros que encontramos formas bípedes que tiveram provavelmente uma grande eficácia energética, a avaliar pelas dimensões dos seus restos. A parte anterior, que já não intervinha na locomoção rápida, apresenta então especializações nas duas direcções: transformação dos membros anteriores, quer em armas defensivas e ofensivas, quer em órgãos de preensão, sobre um suporte situado na parte superior do animal, mais tarde, em jeito de armadura de uma superfície lisa. A primeira tendência foi ilustrada por animais temíveis que atacavam provavelmente os seus gigantescos contemporâneos para lhes dilacerarem as toneladas de carne. A segunda conduziu a espécies leves e de pequena estatura, orientadas no sentido das aves, os únicos bípedes que franquearam o limiar da era terciária.

A adaptação e as especializações

Não terminaram as interrogações acerca do desaparecimento da maior parte dos grupos de répteis no fim da era secundária, numa altura em que pareciam tão diversa e eficazmente «adaptados». Foi sem dúvida esta precisão adaptativa que os condenou, numa época que parece ter conhecido perturbações importantes das condições exteriores e em que devia afirmar-se a concorrência dos primeiros mamíferos. O termo «adaptação» encerra, de facto, uma ambiguidade que convém denunciar. Permite, primeiro, verificar as condições de um acordo entre a organização e o comportamento de um animal e o seu meio ordinário, e neste sentido é uma «verdade de la Palice». Todo o ser está adaptado no instante em que é observado, senão teria desaparecido, teria sido eliminado pela selecção natural. A adaptação possui um outro sentido, mais profundo na perspectiva evolutiva: é a capacidade dos seres vivos, verificada pelos factos da evolução, de encontrar soluções novas face aos constrangimentos de um ambiente cujas componentes nunca se mantêm rigorosamente idênticas de um instante para o outro. E estas soluções, uma vez surgidas, são transmitidas às gerações seguintes, o que significa que correspondem a modificações do programa genético e não devem confundir-se com simples aclimatações. A adaptação está, portanto, em perpétua evolução, e apenas observamos estados instantâneos de um equilíbrio instável. Quais as partes respectivas do acaso e da reacção da matéria viva às solicitações exteriores? A vida é inventiva, ou é um contínuo jogo de sorte? A discussão continua em aberto.

Em todo o caso, os mamíferos seguiram a mesma via geral dos répteis. Inicialmente, quadrúpedes discretos, vão diversificar-se bruscamente logo que os seus predecessores entram em declínio. Porém, beneficiando certamente de um nível superior da organização e de eficiência biológica, anões face aos gigantes anteriores, vão seguir uma evolução fulminante pois, em setenta milhões de anos, desdobram-se num número considerável de formas, conquistam todos os meios e produzem a espécie humana.

É efectivamente no final da era secundária que, saídos provavelmente de «répteis mamíferos» de aspecto geral muito menos espectacular que os dinossauros e companhia, os mamíferos nos deixaram os primeiros restos do seu esqueleto. Principalmente os dentes, infelizmente!, para as nossas tarefas imediatas. Mas os vestígios mais completos ensinam-nos que a quadrupedia e os aperfeiçoamentos permitidos neste quadro constituíram uma das tendências evolutivas destes animais.

À parte algumas excepções que revelam de especializações, como a toupeira, os mamíferos têm membros quase verticais que se deslocam num mesmo plano por movimento pendular. A coluna vertebral já não desempenha um papel directo no exercício das forças motrizes. Os seus movimentos de flexão efectuam-se num plano vertical e já não, como nos outros tetrápodes, num plano horizontal. As proporções dos segmentos dos membros variam com o tipo de marcha. Todos os tetrápodes começaram por se apoiar sobre a superfície do último segmento, composto propriamente de vários elementos articulados e de cinco raios. Este plano geral levanta, aliás, algumas interrogações: seria a marca de uma origem única para todos (monofiletismo *)? No entanto, com base noutros caracteres, formulou-se a hipótese de os tetrápodes não terem todos o mesmo antepassado. Os mamíferos primitivos marchavam sobre a palma e planta dos «pés» (plantigradia), o que proporciona um bom apoio mas não permite andamentos rápidos. Para permitir a velocidade, as massas musculares responsáveis pelo movimento pendular concentram-se na raiz do membro, limitando assim o seu momento de inércia; só alguns feixes musculares e sobretudo tendões chegam à extremidade, cujo papel vai limitar-se a bater o solo em pleno salto. O animal assenta, então, na ponta dos dedos, impulsionando o punho e o calcanhar acima do solo. O número de dedos reduz-se. No cavalo há apenas um. Esta adaptação à corrida traduz-se pelo encurtamento do braço e da coxa e o alongamento da mão e do pé, que constituem uma alavanca suplementar, bastante prolongada em numerosos herbívoros. Entre os carnívoros, alguns são igualmente capazes de correr com rapidez, mas conservaram uma morfologia «tradicional» ao nível dos dedos, em particular da mão que intervém na captura das presas.

História das mãos

Etienne Geoffroy Saint-Hilaire inventou, no princípio do século XIX, o termo «quadrúmanos» para designar o vasto conjunto dos primatas não humanos. Assim, nos mamíferos arborícolas, os quatro membros intervêm na preensão de troncos e ramos graças a uma organização em pinça que geralmente opõe, de um lado, o primeiro raio polegar e dedo grande do pé aos outros quatro, de modo comparável ao funcionamento da nossa mão. Como vimos nos exemplos precedentes, o membro posterior é mais evoluído que o anterior: o pé dos símios constitui uma pinça muito mais perfeita que a mão. Por esta razão, o termo quadrúmanos era mal escolhido, ainda que sugestivo. A palavra mão era tomada em sentido analógico, pretendendo Geoffroy

Saint-Hilaire significar que os pés do símio eram as suas... mãos. Mas, precisamente, mãos e pés não podem comparar-se entre si, dada a diferença fundamental que mais acima referimos: a mão faz parte do pólo anterior do corpo e tem uma estreita ligação com a cabeça. Por outro lado, não se podem comparar, neste ponto, seres tão diversamente adaptados em relação ao ambiente como os primatas arborícolas e o homem. O mérito do termo quadrúmano, no fundo, era o de isolar o homem, dando ênfase a um dos seus caracteres fundamentais: o pé. Ao mesmo tempo, porém, metia todas as mãos no mesmo saco, por assim dizer. Ora a mão humana não é uma simples pinça. Por outro lado, o exame atento da forma exterior, da disposição dos músculos, da proporção dos ossos, completada pela observação do comportamento das diferentes espécies no seu meio natural ou em condições experimentais, mostrou que os primatas não humanos não se reduzem a um tipo único de arboricolismo. Alguns têm uma marcha tipicamente arborícola, deslocando-se de maneira quadrúpede, moldando a superfície de apoio, mãos e pés, sobre o contorno de grossos ramos; entre estes, alguns são especialmente lentos, como o *potto* de África; na outra extremidade encontram-se os braquiadores*, que são bímanos suspensos. É o caso do gibão, que muda de apoio manual balouçando-se de um ramo para outro, intervindo os pés unicamente no momento da paragem ou do salto. Nestes, a preensão é efectuada da paragem ou do salto. Nestes, a preensão é efectuada por quatro dedos que se fecham sobre a palma, e o polegar não intervém. No átele ou cuatá (macaco-aranha das florestas sul-americanas) o polegar já poucas vezes aparece. A propósito deste animal, note-se que a cauda desempenha, verdadeiramente, o papel de um quinto apoio. Na sua extremidade, a face interior está nua e a pele apresenta uma semelhança espantosa com a de um dedo, até à presença de dermatóglitos. Quando se penetra no território de um grupo de cuatás, numa região em que eles sejam pouco caçados e não temam o homem, manifestam-se por gritos; depois, um ou dois indivíduos descem um pouco abaixo da coroa onde evoluem habitualmente, e entregam-se a uma gesticulação destinada a intimidar o intruso. Neste momento, as mãos tornam-se necessárias para uma coisa diferente da locomoção, em particular para o arremesso de ramos e outros movimentos ameaçadores, e é então a cauda que serve de órgão principal de suspensão. É curioso que este braquiador seja, juntamente com esse outro acrobata que é o gibão, um dos raros a adoptar a posição bípede quase tão erecta como no homem, com os membros anteriores pendentes lateralmente e não dirigidos para a frente como no chimpanzé. Os homens que vivem na floresta dizem que o átele por vezes desce ao solo para atacar, o que jamais consegui verificar. Procurou-se inicialmente nos braquiadores uma imagem do antepassado dos hominídeos, o que partia do princípio de que a braquiação de algum modo liberta o pé da especialização preensora e lhe permite desempenhar o papel de suporte no terreno.

Melhor que o exemplo actual do gibão e do átele, um fóssil, o oreopiteco*, encontrado em 1870 numa mina de lignite na Toscana, ilustra perfeitamente esta dualidade dos braquiadores. Com efeito, os ossos da bacia e os fémures deste primata de há doze milhões de anos apresentam uma forma e uma orientação que tendem a demonstrar que ele era capaz de se deslocar em posição erecta, assinalando o grande comprimento dos braços a marca da braquiação. É preciso, todavia, que a mão de um antepassado braquiador não tenha tido esta forma especializada que revela no gibão e no átele, forma extremamente alongada e que contraria a evolução manifestada no homem, em que os cinco raios conservaram, nas suas dimensões, uma mesma importância relativa; o primeiro é oponível a cada um dos outros ou à totalidade, e a palma constitui uma vasta superfície central de contacto a partir da qual os cinco dedos verdadeiramente irradiam. É que a mão humana, na verdade, quase não tem «precursor» entre as dos outros primatas actuais, e isso não deve espantar-nos. Todos estes animais se especializaram numa vida arborícola, e por vezes de uma maneira extrema, servindo-lhes as mãos tanto para a locomoção como para a preensão dos alimentos e a *toilette*. São os mais pesados, particularmente os gorilas, que, deslocando-se sobretudo em terra e utilizando as mãos para arrancar os rebentos e as extremidades das hastes de que se alimentam, possuem uma mão de palma larga. Mas apoiam-se na marcha sobre os quatro últimos dedos dobrados, dedos muito possantes que servem para trepar.

O homem começou por ter pés?

O homem descende de um ramo que, desde muito cedo, se distinguiu pelo predomínio da marcha em terra firme, em zonas desprovidas de cobertura florestal. Por outras palavras, foi o pé que permitiu esta mão particular — fórmula que exprime claramente que todo o esqueleto se modificou, permitindo uma posição erecta que não necessitava, tanto em repouso como em movi-

ALGUMAS MÃOS

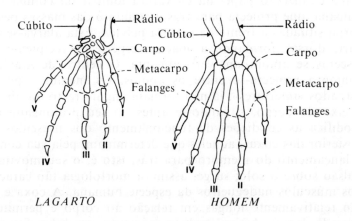

LAGARTO   *HOMEM*

PEIXE CROSSOPTERÍGIO

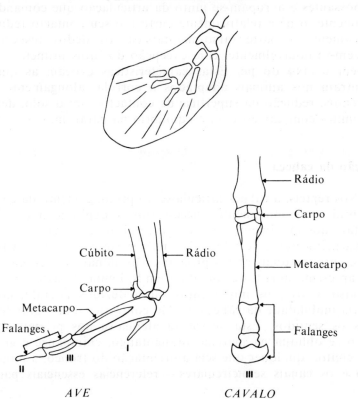

AVE   *CAVALO*

mento, de um esforço considerável das massas musculares do dorso e da nuca, nem da intervenção de um suporte manual anterior para apoio dos pés e compensar o passo em falso. Toda a gente conhece o papel da curvatura lombar da coluna vertebral humana, que projecta para trás o conjunto das massas pesadas do corpo situadas à frente da cintura pélvica. Esta alarga-se pela sua parte dorsal, formando a «bacia», espécie de recipiente onde as vísceras se amontoam verticalmente. O centro de gravidade do conjunto projecta-se entre os apoios. Os membros posteriores, tornados «inferiores», já não formam ângulo recto ou obtuso com o eixo do corpo, situando-se antes no seu prolongamento. Isto modifica as condições de funcionamento dos músculos da face posterior das coxas, aqueles que determinam, pela sua contracção, o lançamento do membro para trás, isto é, o seu movimento de pulsão sobre o solo; surge, assim, a morfologia tão característica dos músculos nadegueiros da espécie humana. A coxa e a perna são relativamente longas em relação ao corpo e permitem uma passada larga. Assim, cada movimento pendular faz o corpo avançar bastante. Os músculos da face posterior, face de extensão, são possantes e agrupam-se junto da articulação que comandam. Finalmente, o pé é relativamente curto e o seu contacto reduz-se praticamente à parte tarso-matatársica; os dedos respectivos reduzem-se notavelmente, com excepção dos dois primeiros, que definem o eixo do pé. Estas características evocam as que se encontram nos animais adaptados à corrida: alongamento dos segmentos, redução da superfície de contacto com o solo, dentro dos limites compatíveis com o equilíbrio na paragem.

Posição da cabeça

Nos répteis, a cabeça articula-se no prolongamento da coluna vertebral e os movimentos necessários à exploração do meio resultam dos movimentos da coluna cervical combinados com os da charneira crânio-vertebral. Em numerosos mamíferos quadrúpedes, entre os quais certos primatas não humanos, a coluna cervical apresenta uma forte curvatura em S, limitando assim o passo em falso, e os seus movimentos são reduzidos lateralmente; a própria mobilidade da cabeça é, pelo contrário, muito grande em todos os sentidos. Esta curvatura atenua-se nos primatas cujo tronco se obliqua na marcha: orangotango, chimpanzé e gorila. Com efeito, qualquer que seja a orientação do tronco, a linha de visão e os canais semicirculares —referências essenciais para a posição do animal no espaço — têm de permanecer numa situação de repouso constante. A forma da coluna cervical e a posição da sua articulação com o crânio (ou seja, do orifício de saída do eixo nervoso) resultam, pois, de um compromisso entre várias necessidades: orientação dos sistemas sensoriais, suspensão do crânio com um mínimo de carência de base, mobilidade geral da cabeça e liberdade de acção dos maxilares. Mas também não pode esquecer-se que a parte cerebral do crânio assume grande importância em relação à parte facial. Os centros nervosos superiores e especialmente os hemisférios cerebrais são, na verdade, relativamente volumosos nos primatas. No homem, o seu crescimento é tal que adquirem precisamente a forma de hemisférios, cobrindo as outras partes do encéfalo, enquanto o rosto e os maxilares passam quase abaixo do crânio cerebral. Muito se reflectiu e se escreveu e muitas hipóteses se avançaram para explicar a coordenação espantosa entre todas estas transformações, que levam a cabeça a assentar quase em equilíbrio sobre a extremidade da coluna cervical, e a beneficiar, exactamente como as mãos, de uma grande liberdade de movimentos.

Reencontro com a coluna vertebral

Vimos já que a coluna vertebral dos mamíferos era articulada principalmente num plano vertical, ao contrário dos peixes, anfíbios e répteis, e que já não desempenhava papel importante na produção das forças motrizes. Ora isto já não é verdade no homem; curiosamente, a sua coluna vertebral vai recuperar os movimentos de flexão lateral e intervir com os seus músculos na propulsão. Com efeito, e contrariamente às aves, cujo tronco muito rígido as obriga geralmente a uma marcha pouco graciosa, o homem mantém o equilíbrio durante a marcha por um movimento subtil de flexão lateral do tronco. Ao mesmo tempo, a bacia é basculada ligeiramente por elevação do lado do pé levantado. O conjunto dos músculos que correm ao longo da espinha dorsal actua contínua e simultaneamente para assegurar uma certa rigidez e para criar as flexões permitidas pelos discos cartilaginosos situados entre as vértebras. Mas o papel dos movimentos vertebrais não fica por aí. Assim, enquanto os membros inferiores se acham ocupados a suster e propulsionar o corpo, os membros superiores podem efectuar tarefas muito diversas e a cabeça pode mover-se. Nas aves voadoras, a rigidez é um compromisso entre a locomoção bípede em terra e o funcionamento dos propulsores aéreos, movidos por enormes músculos que necessitam de ligamentos indeformáveis, sendo a flexibilidade reencontrada somente ao nível cervical para os movimentos da cabeça. No homem, toda a parte superior (anterior) do tronco é livre e flexível, excepto no caso de se transportarem cargas pesadas. Esta capacidade é perfeitamente ilustrada pelas proezas de certos acrobatas e contorcionistas.

Donde se pode claramente concluir que a espécie humana se singulariza no plano locomotor, não só entre os primatas mas também entre os outros vertebrados bípedes. Por outro lado, os dispositivos anatómicos que lhe conferem este lugar único não podem ser dissociados de uma estrutura de conjunto em que se acham estreitamente ligados elementos tão essenciais à própria caracterização da espécie como a forma e a posição da cabeça, a orientação e o grau de liberdade dos membros anteriores. Entretanto, vimos que esta singularidade se inscreve num quadro preexistente desde os primeiros tetrápodes, e que até a polivalência da mão em ligação com a cabeça não é uma criação a partir do nada. É provável, efectivamente, que os hominídeos, de que somos hoje os únicos representantes, tenham saído muito precocemente de uma linhagem de primatas pouco especializados.

Eis o que explicaria todas as dificuldades encontradas pelos primatólogos e antropólogos: comparar um ser único, extremidade de um ramo, com o conjunto do grupo a que manifestamente pertence. Uma quantidade considerável de energia foi assim despendida para provar que o homem não é um primata como os outros na maior parte dos seus caracteres; o que não é novidade para ninguém. Felizmente, hoje em dia, há a tendência para, graças a uma aproximação multidisciplinar, se desenredar a meada que nos é proposta pela ordem dos primatas. E isto porque, desembaraçados do nosso antropocentrismo, é preciso começar por tentar compreender em que é que cada primata é diferente dos outros, e em seguida agrupar aqueles que, por qualquer forma, se assemelham nas suas diferenças. E só então, guiados pelos documentos paleontológicos, podemos aspirar a reconstituir a história geral deste grupo. A partir de agora, é mais que duvidoso que, contrariamente à imagem simplista dos precursores do século passado, os nossos antepassados directos tenham vivido nas árvores.

IV

CAPTAÇÃO E UTILIZAÇÃO DA ENERGIA

Energética e evolução

Quando, no início do primeiro capítulo, traçamos o quadro geral das condições de existência do ser vivo, dissemos que ele era necessariamente atravessado por substâncias cujos elementos retém e transforma, rejeitando os subprodutos inúteis ou nocivos juntamente com aqueles que não reteve. Existe, por consequência, um encadeamento de operações que assegura a cada célula o fornecimento de moléculas utilizáveis, aquelas que podem entrar nos ciclos de transformações químicas permitidas pelos numerosos enzimas intracelulares. Estas operações são próprias dos órgãos com funções ditas vegetativas: nutrição, respiração, excreção. Esta distinção é mais académica do que conforme à realidade. Com efeito, ao nível da bioquímica celular, trata-se de um único encadeamento funcional; por outro lado, à escala evolutiva, parece que os diversos aspectos destas funções se achavam a princípio mais ou menos confundidos. Progressivamente, por uma divisão de trabalho fisiológica entre tecidos cada vez mais especializados, certas partes do organismo encarregaram-se de cada uma das fases deste encadeamento contínuo de operações. Globalmente, esta função única possui um dupla finalidade interna: fornecer a energia química utilizada no fabrico de moléculas muito complexas e, muito especialmente, das proteínas, que constituem o elemento arquitectural essencial de toda a célula, e produzir os materiais elementares para realizar estas sínteses de construção ou reparação.

É claro que o organismo vivo não se contenta com este aspecto estático ou conservador: grande quantidade de energia é também consumida num trabalho celular que se manifesta sob diversas formas, das quais as mais evidentes são mecânicas e térmicas. Desde que Lavoisier compreendeu o fenómeno da combustão ao ar livre, realizou uma aproximação com a respiração dos animais. Um pouco mais tarde, a teorização das máquinas térmicas construídas empiricamente conduziu a uma concepção termodinâmica dos fenómenos vivos. Sob o nome de matabolismo, descreveu-se o conjunto dos fenómenos energéticos que acompanham o funcionamento vital e aperfeiçoaram-se protocolos de medida do nível desta actividade, o que veio a permitir, não só uma série de comparações úteis entre as diferentes espécies animais, mas também a introdução de factores novos de diagnóstico clínico. Os progressos da bioquímica aplicada à biologia celular mostraram que existe nos seres vivos uma notável uniformidade nos grandes ciclos de transferência e libertação de energia. É portanto, de preferência, nas fases primordiais, nos processos de captação das substâncias energéticas e na intensidade e na taxa de libertação — que se situam as diferenças de eficácia. Se adoptássemos uma concepção simplesmente linear da evolução, poderíamos estranhar que as formas mais eficazes não tivessem eliminado por concorrência as que o são menos, por virtude de uma «lei» absoluta do progresso. Isso seria ignorar que os seres vivos se encontram ligados de maneira interdependente ao seio de comunidades, as biocenoses*, também dependentes das condições do ambiente.

Para escolher um exemplo simples, lembremos que os mamíferos ruminantes só podem utilizar a fonte de energia potencial de celulose dos vegetais graças à presença no seu tubo digestivo de bactérias que possuem a enzima que consegue despedaçar as enormes moléculas desta substância. A selecção natural não se efectua, portanto, de maneira automática, em benefício do mais complexo, do último a chegar. Perturbações importantes no ambiente determinaram desaparecimentos maciços a que não escaparam forçosamente as espécies mais recentes. Foi, antes, por eliminação dos «duplos empregos» qua actuaram as pressões da selecção natural sobre os componentes de uma biocenose. Verifica-se que, globalmente, quando o número de formas vivas se multiplica, aumenta a especialização, que não é a aquisição de um pequeno sector independente e ciosamente defendido mas a concentração das capacidades em limites precisos de eficiência. Assim, as relações entre os seres e entre os seres e o meio foram-se complicando progressivamente, donde a impressão de um progresso quase automático. Com efeito, à escala das linhagens animais, os tipos de organização podem ser colocados numa ordem crescente de complexidade. Todos os manuais escolares nos contavam a história, passada na era terciária, da linhagem a que pertence o cavalo moderno: caracteriza-se por um aumento progressivo da estatura, uma dentadura cada vez mais adaptada para triturar as fibras de celulose, uma redução do número de dedos até à unidade, com as transformações correlativas da morfologia num animal extremamente eficiente na corrida em terreno descoberto. Ora, os paleontólogos ensinaram-nos que esta linda construção não passava de um efeito de perspectiva. A evolução não se efectua em linha recta, mas por uma ramificação que compreende muitos ramos estéreis e até alguns recuos em relação a certos pormenores. À luz da reflexão não pode ser doutra maneira, se tomarem em linha de conta os numerosos factores em presença e a sua interdependência.

A par dos factores intrínsecos — a constituição genética, que varia de maneira indeterminada ao nível de cada indivíduo e, nas espécies de reprodução sexuada, que são a maioria, ao nível de cada metade parental do seu *stock* genético de base — existem inúmeros factores que intervêm de maneira determinada mas sem que seja possível prever, nem a ocorrência real, nem a ordem exacta de intervenção. Entre estes factores, há aqueles que actuam sobre o desenvolvimento de cada indivíduo, interferindo com as ordens do programa genético, e os que actuam sobre o potencial geral representado pela população. Na época dos primeiros trabalhos de genética, no início deste século, punha-se o acento tónico na variação «ao acaso» do património genético para «explicar» a evolução. A selecção natural, noção que Darwin tinha derivado simultaneamente da experiência dos criadores de gado ingleses e, sob a forma brutal de «luta pela vida», das teorias económicas de Malthus, vinha secundariamente efectuar uma separação entre os inumeráveis mutantes. Para alguns, até, a mutação podia terminar um desvio de tal ordem que o novo ser se tornaria bruscamente muito diferente dos seus ancestrais. Assim se explicaria a passagem de um tipo de organização a outro, de um réptil a um mamífero, por exemplo. Estas concepções tinham despertado a oposição veemente de outros biologistas, entre os quais uma maioria de franceses, que se conservava numa dependência muito estreita do pensamento de Lamarck e que só aderia ao pensamento de Darwin na medida em que este representava uma continuação do seu precursor. Havia para tanto múltiplas razões, cujo desenvolvimento se acha fora do nosso propósito neste momento. Retenhamos somente, no plano ideológico, a influência do materialismo francês do século XVIII, que atribuía muita importância aos factores externos do meio e tendia para desconfiar dos trabalhos experimentais dos primeiros geneticistas porque pareciam mergulhar o motor principal da evolução numa zona desconhecida, mal definida no plano da matéria. Além disso, no plano da prática científica, a escola francesa estava muito ligada aos estudos comparativos de morfologia anatómica ou microscópica, de espírito naturalista: até uma época recente preferia-se o título de zoologista ao de biologista, e se os filósofos falavam de evolução os cientistas, em França, falavam de transformismo. Eis por que as mutações da mosca do vinagre ou a transmissão hereditária dos caracteres das ervilhas pareciam não ter relação com os problemas levantados pelas transformações do crânio, dos membros e das outras partes dos vertebrados, dado o aparecimento sucessivo, no decurso da história da vida, de planos diferentes de organização e a estreita adaptação das formas animadas às funções que assumem nas condições estritas do meio ambiente. Sabe-se que a escola soviética prolongou artificialmente, até uma época recente, por razões e meios estranhos à investigação científica, esta atitude de rejeição da genética e de predomínio da influência do meio sobre os seres vivos. Era o mesmo que ignorar que a genética havia sofrido uma evolução considerável e que as reservas formuláveis no plano teórico já não se justificavam nos mesmos termos após 1930.

Entre os exemplos de transformações absolutamente espantosas que os vertebrados revelaram ao longo da sua evolução, a história dos processos de captação e tratamento dos alimentos é bastante edificante quanto à plasticidade e ao «oportunismo» das estruturas vivas.

História dos maxilares

O que sabemos da organização dos primeiros vertebrados conhecidos leva-nos a supor que a maior parte se alimentava do lodo. O depósito que se forma no fundo das águas particularmente ricas em seres vivos microscópicos constitui uma fonte apreciável de substâncias orgânicas, destas moléculas potencialmente ricas em energia química. Grande número de seres vivos funciona assim como recuperador imediato de resíduos e de cadáveres. Para um organismo microscópico é fácil escolher entre partículas orgânicas utilizáveis e partículas minerais que o não são. Pelo contrário, um organismo pluricelular de estatura macroscópica tem de filtrar a vasa misturada com água e reter dela as partes sólidas, cujos elementos nutritivos serão os únicos a ser absorvidos ao nível celular.

Os nossos afastadíssimos antepassados agnatos (os vertebrados sem maxilares) funcionavam como aspiradores filtrantes e deslocavam-se sobre os fundos ou, alguns, na proximidade da superfície rica em microrganismos vivos. Eram micrófagos. A boca não passava, então, de uma abertura sempre escancarada pela qual entrava uma corrente de água que mantinha, simultaneamente, a vibração de cílios microscópicos e o movimento próprio do animal. A água carregada de partículas era conduzida para um vasto sistema de compartimentos paralelos revestidos por uma mucosa e percorridos por vasos sanguíneos. Um único aparelho, que desde já pode ser designado branquial, captava, ao mesmo tempo, as partículas energéticas e o oxigénio dissolvido, cuja presença lhes era necessária para a libertação ulterior da energia.

Este dispositivo polivalente existe ainda no anfioxo que, sem pertencer aos vertebrados, possui, no entanto, alguns dos seus caracteres. Dispositivo idêntico existe no estado larvar ou amocete da lampreia, uma das formas actuais mais próximas dos ostracodermes, esses agnatos couraçados da era primária de que já falámos repetidas vezes. A eficácia destes micrófagos dependia tanto do grande número destes compartimentos branquiais como da importância do débito da corrente de água. É provável que, na primeira solução, que necessitava da actividade de milhares de células ciliadas, permanecendo o animal enterrado no sedimento, a selecção tenha seguidamente dado prioridade à segunda, abrindo desse modo o caminho a formas activas, menos ligadas à presença local de um sector rico e, portanto, ao seu eventual esgotamento. Estas novas formas tinham herdado um potencial de segmentação na região branquial, de certo modo análogo à segmentação que se efectua dorsalmente do crânio à cauda e cuja importância vimos anteriormente na evolução do sistema locomotor. A esta repetição segmental dos arcos branquiais na porção anterior do tubo digestivo dá-se o nome de branquiomeria*. Ora, este material segmental vai servir literalmente de matéria-prima para as transformações que conduzem à formação de órgãos novos nos vertebrados, à medida que se vão tornando mais activos, que vão ascender na hierarquia ecológica e libertar-se cada vez mais dos constrangimentos do meio aquático de origem. É assim que aos ostracodermes micrófagos ou detritívoros vão suceder vertebrados activos, armados de maxilares, isto é, armações articuladas encrustadas no contorno da abertura bucal. Aparecem então os gnatóstomos*, ou vertebrados de maxilares, de que fazemos parte. São primeiro peixes carnívoros, cuja derme não fabrica uma couraça anquilosante mas simplesmente placas articuladas e escamas imbricadas.

Mas de onde vêm estes temíveis maxilares que viriam a cravar nas presas capturadas em pleno movimento?

O estudo do desenvolvimento embrionário da cabeça nos diferentes vertebrados, e a comparação anatómica com os adultos, ensinou-nos que o material primordial do maxilar superior e do inferior provêm em todos os casos, inclusive o homem, do território branquial: é um arco anterior da série segmental descrita mais atrás que se encontra anexado à abertura da boca, formando a sua porção dorsal o conjunto palato-quadrado*, ligado à parte inferior do crânio, constituindo a sua porção ventral (cartilagem de Meckel*) a parte móvel ou mandíbula. O arco seguinte da série está também incorporado na região bucal, com a porção dorsal ou hiomandibular participando da charneira dos maxilares e da ligação ao crânio, ao passo que a sua porção ventral serve de armadura móvel na superfície da parte inferior da boca, que se baixa quando as presas são engolidas. Pela comparação rigorosa dos territórios conquistados pelos nervos cranianos e os vasos segmentares do sistema branquiomérico, e seguindo a sua transformação desde os embriões até aos adultos nas diferentes classes de vertebrados, foi possível esquematizar o quadro das partes que tiveram a mesma origem histórica e que acabam por dar, finalmente, nos peixes, lagartos, aves ou porcos, órgãos diferentes. Estas partes dizem-se homólogas.

A investigação da homologia nem sempre é tão frutuosa como foi para a região dos maxilares, do ouvido médio e do pescoço. Sucede, com efeito, que a evolução por vezes apagou atrás de si os traços das transformações sucessivas, de tal maneira que nem chegam a esboçar-se quando das fases sucessivas do desenvolvimento embrionário. Eis por que foi impossível reconhecer como uma verdadeira lei a observação feita no século passado de que a «ontogénese (o desenvolvimento dos indivíduos de uma espécie) recapitulava a filogénese» (a história evolutiva da linhagem cujo desfecho é a espécie). No caso vertente, porém, pode ver-se que o embrião humano de quatro semanas apresenta aumentos de volume segmentares na porção ventral situada adiante do coração, as bolsas branquiais, e que o esboço dos maxilares se edifica na zona do primeiro elemento desta série.

A passagem para o ar livre

Mas muitas outras coisas surpreendentes se passam depois no resto da série dos arcos branquiais. Foram os fósseis que trouxeram provas de que as hipóteses emitidas pelos embriologistas e os anatomistas sobre a utilização do material branquial no curso da evolução não eram imaginárias. Assim, depois de franqueado este primeiro patamar, em que os vertebrados activos e munidos de maxilares se tornaram capazes de se alimentar de presas volumosas, vimos que eles efectuaram uma saída com êxito para terra firme. As condições de vida eram aí muito diferentes do meio aquático de origem, no plano locomotor, e também no da captação de oxigénio. Esta saída só foi possível pela substituição do aparelho branquial, eficaz apenas para a troca de gás entre dois líquidos, a água e o sangue, por um aparelho mediante o qual o oxigénio gasoso da atmosfera é transportado até à hemoglobina do sangue. Certos peixes actuais, de que se conhecem representantes muito antigos, são capazes de «engolir» ar à superfície da água e de o fazer passar para cavidades pulmonares, divertículos do tubo digestivo, em cujas paredes se distribuem capilares sanguíneos. O oxigénio passa, assim, por difusão através da delgada divisória que separa o sangue e o gás.

Os peixes de barbatanas em paleta (crossopterígeos), cujo único representante actual é o celacanto, constituem, com toda a verosimilhança, o grupo no seio do qual certas espécies escolheram, há trezentos e setenta milhões de anos, abandonar o meio aquático. Eles possuem na verdade, juntamente com as barbatanas que lhes permitem um apoio activo sobre o solo, um acesso de ar por uma via particular, as cavidades nasais, que se abrem na cavidade bucal por narinas internas ou cóanos. Além disso, outras estruturas, como a do crânio, aproximam-nos directamente dos primeiros tetrápodes conhecidos, os estegocéfalos. A partir deles, os maxilares deixam de ser simplesmente suspensos do crânio, tornando-se um elemento arquitectural essencial. O arco mandibular, elemento da série branquial que se encontra desviado para a abertura bucal, vai constituir os esboços da região palatina e da mandíbula, sobre as quais assentam ossos de origem dérmica cada vez mais firmemente suturados uns aos outros. Esta cobertura vai converter-se, nos adultos, numa armação. Em todos os bordos livres, nos contornos da abertura bucal e osso do palato, os derivados do arco mandibular apresentam dentes. Vimos que estas peças essenciais para o tratamento mecânico dos alimentos pertenciam originariamente ao revestimento tegumentar. Mas se, nos tubarões, elas não diferiam muito das escamas agudas que lhes cobrem o corpo, nos peixes ósseos a divergência é considerável entre estas duas formações. Os primeiros tetrápodes possuíam dentes muito peculiares, robustos e com o esmalte cheio de sinuosidades complicadas, donde a designação de labirintodontes que lhes foi atribuída. É difícil imaginar o regime alimentar destes antepassados que se aventuravam sobre as margens de uma maneira ainda pouco eficiente. Músculos derivados dos constritores do arco mandibular e enervados pelo nervo trigémeo, o quinto nervo craniano, asseguravam simplesmente o fechamento e a abertura da boca, uma vez que a incorporação dos ossos do palato e do maxilar superior na estrutura do crânio já não permitia, como nos peixes, a mobilidade destas peças esqueléticas umas em relação às outras. Esta independência só será reencontrada mais tarde no caso de especialização, como no aparelho de mordedura das víboras. O arco que sucede ao arco mandibular é enervado pelo nervo facial, sétimo nervo craniano; é o arco hioidiano. A sua porção dorsal, que servia em certos peixes de peça de fixação dos maxilares ao crânio, é então incorporada nos tetrápodes na função auditiva.

A propósito das sensibilidades, evocámos o problema levantado pela passagem do meio aquático ao meio aéreo, ao nível da recepção dos sons: as vibrações do ar reflectem-se na maior parte na superfície do corpo e não têm energia suficiente para se transmitir até aos receptores nervosos profundos. A bolsa branquial situada atrás do arco mandibular, e que se abre ainda para o exterior nos tubarões (espiráculo*), converte-se numa cavidade de ressonância fechada para o exterior por uma fina membrana, o tímpano, aplicada num encaixe ósseo. As vibrações do ar fazem vibrar o tímpano, e uma peça óssea (estribo ou columela) transmite estas vibrações à janela oval. Ora esta peça é homóloga da porção dorsal do arco hioidiano dos peixes. O ouvido médio, espécie de microfone, começa por ser, assim, um derivado do aparelho branquial, de que conserva ainda as relações com a cavidade faríngica pela trompa de Eustáquio. Este primeiro estádio, em que as vibrações são conduzidas do tímpano à janela oval por um só osso, o estribo, não foi ultrapassado pelos répteis e as aves. A fase seguinte de transformação vai manifestar-se com o aparecimento dos mamíferos; até então, a parte móvel dos maxilares ou mandíbula articulava-se sobre o osso quadrado e compreendia vários ossos: principalmente o articular, em contacto com o quadrado, e o dental, portador dos dentes, aos quais estão associados outros ossos dérmicos*, coronóide, angular, do esplénio.

A mudança da charneira para os maxilares

Nos mamíferos, a mandíbula é de uma só peça e articula-se, sem intermediário, com um osso do crânio, o escamosal. Em que se converteu então a antiga charneira? O estudo do desenvolvimento embrionário desta região mostra que o esboço da mandíbula, chamado cartilagem de Meckel, começa por estar em relação contínua com o esboço do martelo e da bigorna (pequenos ossos do nosso ouvido médio), tal como o esboço do osso hióide, esqueleto da língua, está em relação com o estribo. Depois, estas ligações rompem-se e o martelo, a bigorna e o estribo vão articular-se na cavidade timpânica, formando a cadeia de três ossinhos do ouvido médio, ao passo que os ossos da cobertura da cartilagem de Meckel entram em contacto com a parede temporal do crânio. Isto significa, à primeira vista, que a charneira reptilínea dos maxilares foi anexada pela função de transmissão sonora, convertendo-se o osso quadrado em bigorna e o articular em martelo, da mesma maneira que a peça de suspensão dos maxilares dos peixes (hiomandibular) tinha sido transformada em alavanca de amplificação dos sons (estribo ou columela) desde os primeiros tetrápodes. Esta hipótese tinha um ponto fraco: era difícil imaginar que os antepassados dos mamíferos tivessem podido, nalgum momento da sua evolução, passar sem a articulação dos seus maxilares, nem tão-pouco possuir simultaneamente dois tipos diferentes de articulação.

A descoberta de toda uma série de fósseis revelou que a articulação dupla tinha existido e que tinha mesmo sido experimentada várias vezes. Um reforço progressivo da articulação anterior do dentário com a parede do crânio parece ter tornado inoperante para as necessidades da mastigação a articulação posterior entre o quadrado e o articular. Estas caíram, então, na esfera de influência da audição. Esta espantosa e indubitável anexação não fica menos sujeita a controvérsias no plano teórico. Em particular, a investigação tem-se debruçado muito sobre a questão de saber qual poderia ter sido, no início destas transformações, a vantagem biológica que, pela via da selecção natural, permitiu a prossecução desta «aventura acústico-mastigatória». Em todo o caso, cair-se-ia num impasse se se concebesse a eficácia somente ao nível dos maxilares, ou somente ao nível da audição. É que não se trata senão de uma parte das transformações que marcaram a passagem para os mamíferos, e algumas escapam-nos: são aquelas que dizem respeito ao modo de reprodução, à organização do aparelho pulmocardíaco, etc. Algumas puderam também desempenhar uma papel preponderante na eficiência das linhagens, trazendo a reboque, se assim posso designar as ligações genéticas, outros caracteres ainda em estado de esboço. Vimos, por exemplo, que se suspeitava cada vez mais de que certas linhagens de répteis hoje

AS TRANSFORMAÇÕES DO ESQUELETO DA CABEÇA

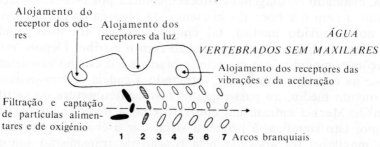

ÁGUA
VERTEBRADOS SEM MAXILARES

Alojamento do receptor dos odores
Alojamento dos receptores da luz
Alojamento dos receptores das vibrações e da aceleração
Filtração e captação de partículas alimentares e de oxigénio
1 2 3 4 5 6 7 Arcos branquiais

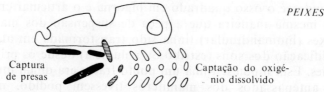

PEIXES

Captura de presas
Captação do oxigénio dissolvido
1 — Arco mandibular   2 — Arco hioidiano

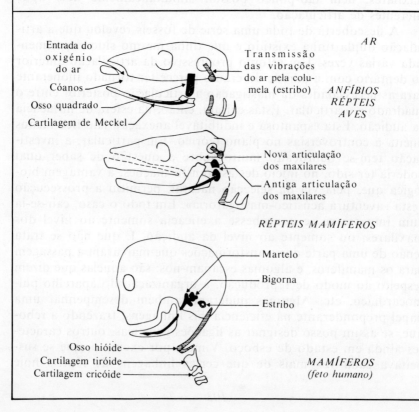

AR
ANFÍBIOS
RÉPTEIS
AVES

Entrada do oxigénio do ar
Cóanos
Osso quadrado
Cartilagem de Meckel
Transmissão das vibrações do ar pela columela (estribo)

RÉPTEIS MAMÍFEROS

Nova articulação dos maxilares
Antiga articulação dos maxilares

Martelo
Bigorna
Estribo

Osso hióide
Cartilagem tiróide
Cartilagem cricóide

MAMÍFEROS
(feto humano)

desaparecidas haviam tido um nível metabólico muito elevado, donde uma actividade constante, e que haviam sido globalmente mais livres em relação aos constrangimentos exteriores.

A encruzilhada aerodigestiva

À aquisição destes maxilares secundários estão ligadas a diversificação dos dentes e categorias especializadas e o aperfeiçoamento da encruzilhada das vias digestivas e das vias respiratórias. No que se refere a este último aspecto, reencontramos uma vez mais o material de base da série branquial. Com efeito, os arcos segmentares que sucedem ao arco hioidiano, dispostos dum lado e doutro da faringe, vão constituir este aparelho notável que fazemos funcionar cada vez mais que engolimos. É preciso lembrar que o ar admitido ao nível das narinas passa pelas cavidades nasais e, nos anfíbios e na maioria dos répteis actuais, chega ao fundo da cavidade bucal, onde é aspirado pela glote, situada sobre a parte inferior da boca, uma vez que a continuação das vias aéreas está colocada ventralmente em relação ao tubo digestivo. Por outras palavras, o trajecto do ar cruza com o dos alimentos na boca.

Deste modo, o animal não pode conservar os alimentos muito tempo na boca, tendo neste instante de interromper a admissão e a expulsão dos gases respiratórios, o que limita o tempo de tratamento mecânico do alimento. Nas serpentes que deglutem laboriosamente presas volumosas, a glote é directamente projectada para o exterior, onde aspira o ar. Nos crocodilos, que passam a maior parte do tempo na água, à superfície da qual as suas narinas afloram, e que capturam as suas presas debaixo de água (peixes ou partes imersas de aves e mamíferos), há um tubo que prolonga a cavidade nasal até atrás da boca, graças à existência de uma divisória palatina horizontal e de um relevo transversal da porção posterior da língua, que pode vir isolar a cavidade bucal da abertura da glote. Isso permite-lhes triturar a vítima entre os maxilares depois de deglutir, sem fazer chegar a água aos pulmões. Nos mamíferos, as vias nasais abrem-se também totalmente atrás da cavidade bucal, onde se efectua o cruzamento do ar e do bolo alimentar. O tratamento mecânico prolongado do alimento pode, assim, realizar-se sem interromper a respiração. É simplesmente no momento da deglutição que, por um movimento ascendente do conjunto hiobranquial, as vias aéreas se fecham para baixo pela epiglote aplicada sobre a glote, ao passo que, para cima, o véu do palato obtura as vias nasais. Nos primatas, aos quais pertence o homem, o aparelho hiobranquial está suspenso do crânio simplesmente por músculos. Mas na maior parte dos mamíferos existe também uma cadeia de elementos ósseos que representam o resto do arco hioidiano.

Esta parte inteiramente superior das vais aéreas pós-cranianas tem uma outra peculiaridade importante. Os arcos pós-hioidianos constituem, na sua porção ventral, uma cartilagem: a tiróide, que, na espécie humana, faz uma saliência no pescoço dos machos (maçã de Adão). Esta peça tem a forma de um escudo ligeiramente saliente para a frente. Na face interior, que delimita o espaço para a passagem de ar, existem músculos que podem modificar a abertura contraindo-se e produzir sons modulando as vibrações dos gases expulsos. Já nos anfíbios e em certos répteis se podem produzir sons utilizando a passagem do ar ao nível da glote, ao passo que nas aves a mesma função é preenchida por um aparelho (siringe*) situado mais abaixo, ao nível da bifurcação dos brônquios. A existência de um processo de emissão de sons ao nível da laringe desempenha um papel considerável no plano evolutivo pela possibilidade de contactos a distância dos indivíduos de uma mesma espécie e de trocas de informações que, mesmo ao nível rudimentar de sinais, constituem uma vantagem biológica.

O tratamento mecânico dos alimentos

No terreno da especialização dentária, os mamíferos atingiram tal desenvolvimento que, em relação a numerosas formas fósseis, só os dentes são conhecidos, permitindo-nos não obstante situá-los numa classificação. Esta especialização tem, obviamente, de ser relacionada com a importância dos movimentos mastigatórios, eles próprios ligados à existência de uma encruzilhada aerodigestiva aperfeiçoada. Os órgãos dentários reflectem simultaneamente as diferenças de acção mecânica de uma região para outra dos maxilares num mesmo animal e, consoante os grupos, as diferenças de regime alimentar. É assim que os nossos dentes se repartem em várias categorias, definidas pelas suas formas: incisivos, caninos, pré-molares e molares. Estas formas correspondem a propriedades mecânicas: cortar, perfurar, triturar. Georges Cuvier, considerado a justo título como o fundador da anatomia comparada moderna, tinha, desde o princípio do século XIX, estabelecido uma ligação entre as diferenças de desenvolvimento destas categorias dentárias e, por vezes, a acentuação do carácter inicial do tipo funcional, e o modo de vida dos animais. O grande desenvolvimento dos caninos e a especialização dos pré-molares em tesoura carniceira estão associados à presença de garras nos animais predadores, flexíveis e agressivos. Pelo contrário, o desaparecimento das categorias perfurantes, a uniformização dos dentes situados ao nível da face (dentes faciais) numa superfície de abrasão contínua — encontram-se nos animais dotados de cascos, vegetarianos cuja defesa principal está numa corrida rápida. Fizeram-se numerosos trabalhos comparativos para estudar as condições de mastigação nos diferentes grupos animais, pelo menos nos países em que a actividade dos dentistas não é considerada uma simples actividade prática e lucrativa mas uma verdadeira ciência cujo aspecto socialmente aplicado deve assentar em estudos fundamentais. Estes trabalhos comparativos, estendidos ao próprio homem, fizeram progredir os meios de conservar os nossos dentes em boa actividade.

Uma sequência de dentições

Como em todos os tetrápodes, os nossos dentes provêm, a princípio, de um órgão embrionário, a lâmina dentária, que é formada por um espessamento da ectoderme no bordo livre dos maxilares. Abaixo desta lâmina, na mesoderme, aparecem a seguir botões dentários, esboços em forma de sino que vão progressivamente mineralizar-se. Mas ao nível do pedículo que junta ainda o esboço à lâmina dentária aparece um segundo esboço. Com o desenvolvimento do dente, este segundo germe encontra-se a seguir recalcado em profundidade. Nos répteis, o processo repete-se ao longo de toda a vida do animal: quando o segundo germe chegou à maturidade e substitui o primeiro dente, está já formado um terceiro esboço, e assim sucessivamente. Não há, pois, dentição definitiva, mas uma substituição constante, correspondendo cada «número» de dente a uma família de germes que evolui no tempo por sua conta própria. «Por sua conta própria» não é exactamente a expressão conveniente, porque na realidade o conjunto da fieira está ligado por uma espécie de onda de substituição, de tal forma que os maxilares de crocodilos e lagartos estão sempre guarnecidos com dentes funcionais em número suficiente, separados por espaços vazios regularmente dispostos em que um novo dente se encontra em vias de crescimento.

Nos mamíferos o sistema simplificou-se; não há mais que duas gerações funcionais. À primeira chama-se dentição de leite; mas trata-se apenas de uma denominação imprópria, longe de coincidir em todos os mamíferos com a fase de nutrição láctea. Em alguns, é precedida por uma geração de germes que abortam, espécie de reminiscência do poder de geração contínua da lâmina dentária nos antepassados répteis. Os dentes de leite têm raízes largamente abertas e curtas: por baixo, desenvolve-se já o dente definitivo. São em número inferior ao da segunda vaga e, entre nós, a categoria mais recuada, os últimos molares, existe apenas um estado definitivo. Há vinte dentes de leite e trinta e dois definitivos. Numerosos casos particulares se apresentam nas diversas ordens de mamíferos: abortamento dos germes dos incisivos superiores dos ruminantes, ou queda precoce de dentes posteriores em certos carnívoros, o que conduz, em ambos os casos, à ausência de categoria, mas também substituição horizontal, e não vertical, no elefante: quatro dentes anteriores aparecem primeiro e são os únicos a funcionar; depois, à medida que vão sendo usados, são substituídos pelos que se lhes seguem, até que todo o potencial (seis dentes) se esgote. É então que o animal, envelhecido, sente uma dificuldade cada vez maior em alimentar-se.

Diferentes dentaduras

O número teórico generalizado para o conjunto dos mamíferos parece ser quarenta e quatro, decompondo-se em doze incisivos, quatro caninos, dezasseis pré-molares e doze molares. Para facilitar a comparação, formula-se a dentadura (armadura dentária no estado adulto) dos animais sob a forma de uma fracção em cujo numerador consta o número de dentes por categoria para um semimaxilar superior, e no denominador o número respeitante ao semimaxilar inferior. A fórmula geral citada acima encontra-se na toupeira. É superior a este número em alguns casos de mamíferos terrestres, por adição de uma unidade ao número dos molares e incisivos, ao passo que, entre aqueles que vivem inteiramente no meio aquático, os cetáceos, alguns têm um número de dentes que ultrapassa a centena (golfinhos); a sua dentadura reencontra assim o aspecto da de certos répteis piscívoros, como o gavial: uma sequência de dentes cónicos de tamanho quase igual, que servem para a captura do peixe mas não para a mastigação. Mas está longe de ser a regra entre os cetáceos, mesmo nos odontocetos*, por oposição às baleias verdadeiras (misticetas*). Nestas, os quarenta a cinquenta e três dentes embrionários desaparecem e o animal alimenta-se retendo toneladas de todas as pequenas presas no filtro córneo das suas barbas. Muitos «cetáceos com dentes» revelam assim uma regressão dentária, a começar pelo cachalote, que só possui dentes na mandíbula, sem esquecer o narval, em que subsistem apenas os incisivos superiores, tomando o esquerdo, nos machos, o comprimento e a forma espiralada tão característica. Esta defesa de dois metros de comprimento foi, durante algum tempo, falsamente atribuída ao lendário unicórnio. Dado o preço exorbitante atingido por este dente no mercado europeu da Idade Média, os pescadores mantinham secreta a sua verdadeira origem, sem relação com o mistério necessário para justificar os poderes sobrenaturais que lhe eram atribuídos. Existe uma outra forma de modificação do sistema dentário: a perda da camada de esmalte que constitui normalmente uma protecção contra o abrasão do marfim, em consequência da dureza e polimento desta substância. Esta perda pode ser parcial, afectando só uma face e, neste caso, dada a desigualdade do uso, constitui um verdadeiro cinzel a frio constantemente aguçado. É o caso dos incisivos dos roedores, dos coelhos e das lebres. O esmalte desaparece também completamente nos dentes faciais das preguiças, que são, todavia, comedoras de folhas.

Em princípio, os dentes definitivos são alimentados e «sensibilizados» pela cavidade pulpar, onde desemboca o canal da raiz, parte implantada no osso. Uma vez terminado o crescimento, as suas necessidades são limitadas, e o canal pelo qual chegam à pulpa vaso e nervo é muito estreito. No entanto, em certos animais, a abrasão é de tal ordem ao nível da coroa, em razão das propriedades físicas do alimento e da duração quase contínua dos movimentos mastigatórios, que o desgaste é compensado por um crescimento contínuo. É o caso dos dentes faciais da maior parte dos herbívoros e dos incisivos dos roedores. A cavidade pulpar abre-se, então, de tal maneira que o dente aparece como um fuste, sem que se lhe reconheça raiz nem coroa. A mesma disposição se encontra nas «defesas», incisivos superiores do elefante, caninos dos porcinos, do hipopótamo e de certos ruminantes machos. Mas estes dentes já não intervêm na mastigação.

Entre os primatas, o homem apresenta um tipo médio de dentadura. O número de trinta e dois dentes é muito comum nesta ordem. Os símios do Novo Mundo têm um pré-molar a mais; em compensação, a forma geral da série dentária é mais próxima da do homem que a que se encontra no Velho Mundo, incluindo o gorila e o chimpanzé. Com efeito, estes últimos têm categorias dentárias bem marcadas, particularmente pela forma dos caninos, muito desenvolvidos, distribuídos num maciço facial relativamente alongado. De todos os primatas, o homem é o que tem a face mais curta para alojar estes trinta e dois dentes, quase iguais em altura de coroa. Os molares não têm precursores. O primeiro aparece aos seis, sete anos, atrás do segundo pré-molar de leite; o segundo surge após os dez anos e o terceiro ainda mais tarde, quando o crescimento geral do esqueleto se acha particamente terminado. É o «dente do siso» que, frequentemente, já não tem lugar para se alojar atrás da série e fica por vezes incluído na porção ascendente da mandíbula. Neste aspecto existe uma grande variabilidade e não parece possível afirmar que este terceiro molar tenda a desaparecer, ou que se trata de um caso de evolução. Na realidade, a sua presença, e as dolorosas dificuldades que o seu tardio aparecimento provoca numa cabeça cujas proporções já são quase definitivas, dependem de vários factores que estão longe de ser todos genéticos. Se a ordem de aparecimento dos dentes e as direcções de crescimento dos ossos do crânio estão programadas, o escalonamento cronológico e a velocidade destas fases são, pelo contrário, função de factores hormonais e nutricionais. É provável que a nossa espécie conheça este problema desde a origem, em consequência da retracção particular das arcadas dentárias, que deixam em relevo o conjunto naso-orbitário e o queixo, característica da nossa espécie.

Quando se considera o conjunto da dentadura humana num plano geral, e por comparação com os outros mamíferos, ela parece pouco especializada. Apesar da sua continuidade, pelo contacto de todos os dentes, podem distinguir-se duas zonas principais: uma anterior, predominantemente cortante, e uma posterior de superfície trituradora. Isto relaciona-se com uma certa polivalência alimentar. Os movimentos permitidos pela forma de articulação da mandíbula com o crânio são bastante livres, e o contacto faz-se entre as superfícies trituradoras dos dentes malares, pré-molares e molares de cima e de baixo, cujos relevos e concavidades são mutuamente congruentes. A menor perturbação nesta articulação dentária, por perda de dentes ou anomalia de crescimento, exerce um efeito retentor sobre o conjunto das funções mastigatórias. Pelas compensações ao nível dos movimentos da mandíbula, pelos desgastes anormais ao nível dos contactos dentários e pela deslocação de certos dentes nos seus alvéolos, pode ser reencontrado um novo equilíbrio articular, muitas vezes acompanhado por deformações importantes do rosto e dificuldades de pronúncia de sons, que necessitam de uma certa posição da língua em relação aos dentes. Este último aspecto, o papel social dos dentes, é evidentemente próprio do homem. Na falta de cuidados específicos, o homem perde progressivamente os dentes na velhice. Eles são, na verdade, submetidos a duras provas, sofrendo agressões mecânicas, químicas, bacteriológicas, das quais os protege apenas a sua integridade. Esta resulta essencialmente da constância do seu grau de mineralização, mas também dè factores locais e gerais que dizem respeito ao estado da gengiva, do tecido intermédio entre a raiz e o osso e do próprio osso alveolar. Vemos assim o caminho percorrido desde a escama dermo-epidérmica dos vertebrados ancestrais até estas peças espeçializadas, ligadas por múltiplas relações a outras estruturas orgânicas.

História e papel da língua

Tratados mecanicamente pelos movimentos relativos das arcadas dentárias, os alimentos são largamente humedecidos, pode mesmo dizer-se embebidos de secreção salivar, e lançados entre a mó dos dentes pelos movimentos da língua. No momento da deglutição, a língua encarrega-se de empurrar o bolo alimentar para a abertura do esófago, desimpedida pela ascenção da encruzilhada aerodigestiva descrita mais acima. Além disso, já fizemos alusão ao papel da língua como suporte de receptores gustativos. Também este órgão tem a sua história.

Tal como se apresenta nos mamíferos, resulta de duas partes distintas: uma parte posterior, chamada língua primitiva porque data do período antigo, em que todos os vertebrados eram aquáticos, e uma parte anterior, língua secundária, que só aparece com os tetrápodes terrestres. A língua primitiva, a única de que dispõem os peixes actuais, é um prolongamento na direcção da cavidade bucal da parte ventral, ímpar, do arco hioidiano e do seguinte. Mais uma vez deparamos com este material «branquial». A mobilidade desta parte é assegurada exclusivamente por acção dos músculos do aparelho hiobranquial; são músculos extrínsecos da língua e, nos peixes, a sua forma não pode ser alterada. A saída das águas é acompanhada do aparecimento de uma língua secundária que se desenvolve à frente e dos lados da língua primitiva, na vizinhança dos primeiros indícios da glândula tiróide. Sabe-se que esta última provém do endostilo, órgão que, nos vertebrados sem maxilar, desempenha papel importante na produção da corrente que conduz ao tubo digestivo as partículas alimentares. Esta parte nova anterior caracteriza-se pela sua natureza glandular e musculosa. O músculo geniohioidiano permite a tracção do órgão para a frente a partir da sua inserção na mandíbula, enquanto o músculo hioglóssico o puxa para trás a partir do osso hióide, e o músculo estiloglóssico para trás e para cima. Estes músculos são derivados das massas branquiais e as suas fibras distribuem-se de maneira complexa na massa da língua, que torna, assim, este órgão móvel e deformável tão importante na preensão do alimento, a sua mastigação e deglutição.

Na espécie humana, a língua é morfologicamente pouco especializada, em comparação com outras espécies onde se encontra em relação directa com uma alimentação particular, como a captura de insectos no seu ninho (formigueiros, pangolins) e até a colheita de tufos de ervas nos ruminantes. Mas é preciso assinalar que ela não intervém só na nutrição, o que indica o duplo sentido do termo que a designa, pelo menos em numerosos idiomas. A sua enorme capacidade de deformação permite, com o auxílio dos lábios, modular os sons produzidos ao nível da laringe; por vezes mesmo, em certas línguas, provocar sons sem intervenção das cordas vocais. Sabe-se, com efeito, que a posição relativa da língua é responsável pela precisão dos elementos sonoros (vogais, consoantes, ditongos), que nas línguas humanas não são sinais em si mesmos, tendo de ser combinados para formar conjuntos significantes.

As glândulas da boca

As glândulas que vertem a sua secreção na cavidade bucal já fazem parte das glândulas digestivas, na medida em que intervêm na modificação das propriedades físicas e químicas dos alimentos. A ensalivação facilita, com efeito, a fragmentação e a dissolução das partículas nutritivas, e banha-as num meio cuja composição constante atenua as diferenças químicas devidas à variedade de origem dos alimentos. Estas glândulas são muito abundantes e diversificadas, simultaneamente pela sua estrutura e tipo de secreção. Há glândulas que se expandem de maneira difusa na mucosa que reveste a cavidade bucal; mas uma enorme quantidade localiza-se na região submandicular, desembocando a sua secreção num canal (de Warthon), na parte anterior da cavidade bucal, entre os incisivos inferiores e o freio da língua; as glândulas sublinguais desembocam de maneira mais difusa de cada lado do sulco lingual; e sobretudo as volumosas glândulas parótidas, situadas em cada um dos ângulos superiores da cavidade bucal, não longe da orelha, e cuja secreção sai pelo canal de Sténon, em frente dos molares superiores. A saliva contém uma enzima capaz de desfazer em fragmentos a enorme molécula do amido, componente muito frequente nos grãos e órgãos de reserva dos vegetais. Esta acção não se efectua plenamente na boca por causa da curta duração da passagem dos alimentos, realizando-se ulteriormente.

Os diferentes estádios do tubo digestivo

A partir do momento em que o bolo alimentar transpõe a encruzilhada aerodigestiva e penetra no esófago, desencadeia-se uma sequência notável de automatismos auto-regulados, que conduz à simplificação química dos alimentos até um ponto em que as moléculas, de tamanho mais reduzido, poderão atravessar a parede do tubo digestivo. Quanto mais nos afastamos dos estádios superiores, mais a acção química predomina sobre a acção mecânica. Os mamíferos possuem, de um modo geral, o tubo digestivo mais especializado; sendo, além disso, a diversidade dos regimes alimentares muito acentuada nesta classe, a disposição das partes deste aparelho está longe de ser uniforme.

O esófago é um tubo flexível e extensível. Acompanha os movimentos do pescoço, e a presença de pregas no sentido de comprimento permite-lhe dilatar-se à passagem do bolo. Na origem, constitui o prolongamento da faringe, antecâmara alimentar que, não esqueçamos, é perfurada lateralmente nos vertebrados aquáticos. A diferenciação de sacos pulmonares, a partir da parede ventral do tubo digestivo (no homem, desde a terceira semana de vida embrionária), e as transformações complexas do aparelho hiobranquial, cujos principais episódios evocámos, colocaram o esófago entre a coluna vertebral e a traqueia. A sua parede interna é coberta por um epitélio de várias camadas de células, frequentemente rico em substância córnea. Nas tartarugas marinhas, esta superfície interior é mesmo eriçada de longas papilas córneas, provavelmente protectoras. Com efeito, estamos ainda numa zona próxima do meio exterior, em que o material alimentar sofreu apenas uma acção mecânica grosseira. O papel do esófago está longe de ser passivo. A sua musculatura, por uma onda de contracção, assegura a progressão do bolo para o estômago, seja qual for a posição do organismo no espaço. Nas aves, desempenha ainda dois papéis específicos: pela formação de uma bolsa musculosa, a moela, constitui um possante moinho triturador; pela secreção de um líquido parecido com o leite, torna-se em certas espécies, particularmente no pombo, um órgão de nutrição, cujo conteúdo os adultos regurgitam no bico das crias.

O estômago mais não é, a princípio, que um alargamento do esófago. É, fundamentalmente, uma bolsa de acumulação dos alimentos. A sua forma, volume e posição em relação ao eixo do corpo são muito variáveis nos mamíferos. É razoável supor que se encontrava primitivamente no eixo do corpo e que seria pouco volumoso, disposição que se mantém ainda em certas espécies, como as focas. Mas, de um modo geral, a sua forma e posição modificam-se por um encurvamento do lado do corpo, tendendo a sua extremidade posterior, o piloro, a aproximar-se da sua extremidade anterior ou cárdia. Consoante o grau de curvatura, é oblíquo ou francamente transversal. Daí resulta uma forma de gaita de foles, muito frequente nos mamíferos, com uma grande curvatura do lado esquerdo. A embriologia humana ensina-nos que, antes da formação desta curvatura, o estômago gira sobre si próprio, de tal forma que a grande curvatura lateral representa, na realidade, a face dorsal do órgão. Esta bolsa está presa ao diafragma, ao fígado, que vem alojar-se à direita, na curvatura pequena, e ao intestino terminal, ou cólon.

O estômago desempenha várias funções e não se limita a ser um reservatório temporário dos alimentos. Os mamíferos mostram os casos mais extremos na especialização deste órgão, e uma subdivisão em partes tão acentuada que, a bem dizer, já não se sabe se se trata de um só órgão ou de vários. Conhece-se, evidentemente, o caso dos ruminantes, cujo estômago é constituído por várias bolsas, a pança e o barrete, o folhoso seguido da coelheira. Esta divisão corresponde à necessidade de um longo tratamento do material alimentar de origem vegetal, que é deixado em reserva na pança após uma primeira mastigação e deglutição quando o animal pasta, e sofre em seguida um regresso à boca quando da ruminação. Entre estas bolsas, a coalheira constitui a parte quimicamente activa. Esta multiplicação das bolsas estomacais, em relação com uma certa divisão do trabalho mecânico e químico ao qual são submetidos os alimentos, assume por vezes aspecto notável. Assim, certos cetáceos chegam a ter catorze bolsas sucessivas. Desta vez, não é tanto uma questão de resistência dos alimentos à degradação, ou do seu fraco valor energético por unidade de peso, como no caso dos ruminantes, mas de substituir um tratamento mastigatório impossível, uma vez que os animais se alimentam inteiramente debaixo de água. Correlativamente, o sistema dentário, quando subsiste nestes animais, serve unicamente para a preensão das presas, como é o caso dos golfinhos. Muitas vezes, porém, e é o caso do homem, apenas existe uma bolsa anatómica onde se podem distinguir, não obstante, pela estrutura e composição celular das paredes, três regiões funcionais: a cárdia, porção que ainda lembra o esófago, o fundo ou antro, porção onde a mucosa encerra células glandulares próprias do estômago, e o piloro, que já faz a transição para o intestino delgado. O plano geral da parede compreende quatro camadas (ou túnicas) que são, do exterior para o interior, o folhoso seroso do peritoneu, uma possante camada de músculos (longitudinais, circulares e oblíquos), uma camada de tecido conjuntivo flácido, espécie de amortecedor, e a mucosa assente num tapete de fibras contrácteis e ricamente guarnecida de vasos sanguíneos. Esta última tem uma espessura importante, cinco milímetros ao nível do fundo, dois milímetros ao nível do piloro, e a estrutura das glândulas que contém varia de uma zona para outra. No fundo, o seu número é próximo de trinta e cinco milhões, o que equivale a uma superfície de secreção de cerca de três metros quadrados e meio. O piloro é menos ricamente dotado, com pouco mais de três milhões de glândulas.

A secreção (suco gástrico) dá aos alimentos um tratamento extremamente brutal. No estômago, as partículas ingeridas, estranhas ao corpo e misturadas com factores perigosos, são remexidas, homogeneizadas, banhadas num meio anti-séptico pelo seu grau de acidez: rompem-se as ligações com o exterior. A secreção do suco, tal como as contrações da parede, não são permanentes. É a chegada do bolo alimentar que provoca o desencadeamento das operações, e também, como demonstraram as célebres experiências de Pavlov, a percepção directa ou a evocação de uma fonte de alimentos no meio ambiente. O suco gástrico tem um tal poder de degradação química quando retirado do órgão directamente para a luz, que durante muito tempo pareceu incompreensível que ele não digerisse a própria parede do estômago. Na realidade, a mucosa está protegida fisicamente pela abundante produção de muco, mas sobretudo porque os «produtos perigosos» são elaborados sob a forma de componentes elementares em si mesmos inactivos. É o seu encontro à luz do estômago que os torna operacionais. Quando, na sequência de desregramentos de causas variadas, esta mistura detonante se torna activa na própria mucosa, esta é atacada e as suas células destruídas; tem lugar a formação de uma úlcera. Infelizmente, muito pouco se sabe sobre o funcionamento do estômago nos tetrápodes primitivos, anfíbios e répteis, e mesmo na maior parte dos mamíferos, mas é lícito supor que a sua entrada em actividade depende, em todos eles, das estimulações específicas provocadas pelo próprio alimento. A complicação das conexões nervosas entre os centros da base do cérebro responsáveis pelas pulsões elementares e o córtex cerebral, onde têm lugar as associações nos mamíferos mais evoluídos, deve singularmente deslocar estas estimulações iniciais do plano de contacto físico imediato para o de uma representação mental, por vezes muito afastada da esfera nutritiva. Eis porque, no homem, os desregramentos do funcionamento gástrico parecem muitas vezes originar-se em causas de ordem psicológica.

Citámos acima espécies cujo estômago apresentava uma conformação particular, em relação com uma alimentação especializada. E quanto ao estômago humano? Parece que representa um tipo médio, apto a tratar alimentos de natureza variada. Não há expansão importante da porção da cárdia susceptível de servir de câmara de fermentação de massas vegetais, mas o conteúdo global de cerca de vinte e quatro litros é ainda relativamente considerável. No seio dos primatas, que são geralmente insectívoros nas formas de pequena estatura, e dos herbívoros (ou, antes, comedores de frutos, rebentos e folhas), sobretudo dos maiores, não se observa diferenciação nítida senão no grupo dos colobos (símios africanos), em que os fragmentos vegetais se acumulam numa bolsa cardíaca antes de passarem à segunda parte, glandular. Assim, quase não se pode deduzir destas comparações qual terá sido o regime dos nossos antepassados. Quando muito, pode adiantar-se que, de acordo com a dentadura, os hominídeos terão sido sempre mais oportunistas, mas procurando voluntariamente um fornecimento de proteínas nas fontes animais. Ainda hoje, as populações mais duramente confrontadas com as condições naturais têm um regime cuja variedade surpreende. As técnicas extremamente subtis de todas as formas de cultura de plantas vivazes exigiram necessariamente uma longa fase de aperfeiçoamento. Na maior parte dos casos, o homem, movido pelas suas necessidades, modificou de tal maneira as espécies vegetais que já não se conhece a espécie selvagem original. Isto faz supor um período imenso durante o qual tiveram de dedicar um interesse constante aos vegetais que encontravam, acumulando a experiência que serviu de base à agricultura. A partir da simples colheita, fazia-se uma escolha judiciosa em função das estações de produção das plantas. Quanto à predação de animais, certamente permaneceu aleatória, mesmo com técnicas de acção em grupo e armas. A caça continua a ser, ainda hoje, uma actividade que valoriza o indivíduo nos grupos sociais, justamente porque implica grandes riscos, fornecendo em caso de sucesso um complemento de substâncias proteicas muito mais importante que os vegetais. Mas, dado que o homem se expandiu por zonas geográficas extremamente diversas, é difícil generalizar. Foi assim que grupos inteiros se especializaram na predação ani-

TUBO DIGESTIVO

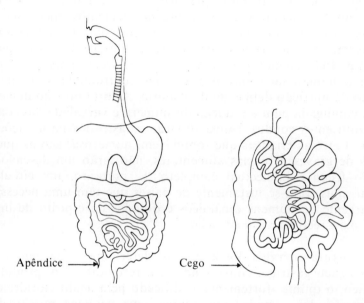

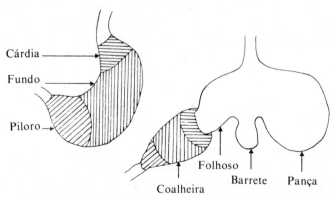

mal, como, por exemplo, os povos do Grande Norte. A faculdade de adaptação directa do estômago é necessariamente muito grande na espécie humana, e esta adaptação ultrapassa mesmo o quadro do estômago, dado que a proporção dos produtos finais da digestão é notavelmente diferente, consoante se trate de alimentos de base vegetal ou animal. Ora, qualquer que seja a fonte, o organismo tem de encontrar a sua conta de elementos energéticos, plásticos e catalíticos (vitaminas, por exemplo), para fazer face aos seus dispêndios e à sua degradação. Se as grandes fomes despovoaram periodicamente regiões inteiras até ao século passado, hoje em dia a humanidade encontra-se antes confrontada com uma situação de nutrição deficiente da maioria. A forte pressão demográfica conjugada com a redução do número e variedade das fontes de nutrientes conduz a uma situação catastrófica para nações inteiras. Entre as crianças que sobrevivem, numerosas são as que, vítimas de graves carências alimentares, não terão um desenvolvimento físico e intelectual completo. É, portanto, um círculo infernal, pois trata-se justamente de países que têm uma necessidade urgente de homens dinâmicos e dotados de espírito de iniciativa para rectificar a tendência.

A mistura enérgica dos alimentos determina a sua penetração pelo suco gástrico, convertendo-se a resultante num produto específico, o quimo, fortemente acidificado pelo ácido clorídrico. Sob pressão das camadas musculares, uma pequena porção de quimo é injectada no intestino delgado pela abertura do piloro. Mas desde que este suco ácido entre em contacto com a mucosa intestinal desencadeia-se um reflexo que fecha o piloro. O mesmo estímulo liberta um pouco de bílis e de secreção pancreática, conjunto muito alcalino que neutraliza a acidez. Abre-se então, novamente, o piloro. E assim este dispositivo automático faz passar progressivamente o quimo para a porção superior do intestino ou duodeno e mistura-o com a secreção do pâncreas, rica em enzimas responsáveis pela continuação do fraccionamento das moléculas. A bílis é um adjuvante indispensável, em particular pelas suas propriedades físicas emulsionantes: as gorduras são assim dispersadas em glóbulos minúsculos. O problema principal do ataque químico, como em seguida o da absorção dos subprodutos utilizáveis, é de aumentar o mais possível a superfície e a duração do contacto entre as substâncias e a mucosa. O intestino apresenta geralmente uma extensão que ultrapassa várias vezes a do corpo, o que pode ir de duas vezes, nalguns insectívoros, como o musaranho, a vinte vezes, como nos ovinos e na girafa. Também neste aspecto existe uma relação com o regime alimentar. É costume dizer-se que o intestino dos carnívoros é curto e o dos vegetarianos comprido. Isso verifica-se no conjunto dos mamíferos, mas com excepções numerosas, uma vez que são diversas as especialidades existentes no interior do regime vegetariano: frutos (moles ou duros), folhas, rebentos, forragem... Muitas vezes observa-se uma proporção inversa entre as dimensões da bolsa estomacal e a do intestino, sendo estas partes de algum modo complementares. A espécie humana, com um intestino que iguala oito vezes o comprimento do corpo, situa-se no grupo médio dos «que comem de tudo», como o urso castanho, o porco... e o ouriço-cacheiro. Toda esta tubagem se acha cuidadosamente enrolada e envolvida na toalha do mesentério, onde circulam vasos e nervos, e é enquadrada pela porção terminal fortemente alargada, o intestino grosso ou cólon. Esta disposição complexa deriva no entanto de um tubo primitivo simples e quase rectilíneo, que subsiste sob esta forma em alguns animais sem patas e subterrâneos (cecília e anfíbios). A complicação progressiva no curso do desenvolvimento embrionário efectua-se em torno de um ponto fixo representado pela ligação entre o embrião e um saco de reserva, o saco vitelino*. Nos vertebrados que se desenvolvem por si mesmos no interior do ovo, sem contributo de energia do organismo materno (oviparidade), o saco esvazia-se à medida que o embrião vai enchendo o ovo. Na eclosão, acontece que forma ainda uma espécie de hérnia antes de ser reabsorvido na cavidade abdominal, que torna a fechar-se deixando uma cicatriz, o umbigo. Nos mamíferos, o saco vitelino desempenha unicamente uma função transitória de breve duração; a sua ligação com o tubo digestivo tem o mesmo carácter de uma charneira: toda a porção do tubo que o precede cresce muito rapidamente, dobra-se, mas, não encontrando espaço na cavidade abdominal, vai formar uma saliência do lado de fora, utilizando precisamente a abertura que constitui o canal vitelino. É em torno do eixo do canal que o conjunto efectua uma rotação que conduz a porção posterior para a frente, sob o esboço do estômago: eis porque o cólon vem enquadrar, pelos seus três lados, ascendente, transversal e descendente, o conjunto do intestino delgado, que em seguida reintegra a cavidade. A ligação vitelina (canal vitelino ou onfalomesentérico) deixa de existir no homem após oito semanas de vida embrionária e não deixa rasto, a não ser que surjam anomalias. O circuito alimentar é assegurado pelas trocas entre o embrião e o organismo materno por intermédio da placenta. Os vasos sanguíneos que asseguram o vaivém entre o embrião e a placenta utilizam igualmente a via aberta pelo canal vitelino: o orifício umbilical na parede ventral. A junção entre o intestino delgado e o intestino grosso é marcada pela formação de um beco, o cego, e ao nível da parede interna por uma válvula que só deixa passar num sentido os resíduos de digestão. O cego é uma bolsa que pode ter dimensões consideráveis, em especial nos vegetarianos não ruminantes. Torna-se então a sede de uma fermentação bacteriana que conduz à degradação de moléculas complexas, como o amido e a celulose, mas também à produção de certas vitaminas do grupo B. A maior parte dos primatas possui um cego volumoso. Constituem excepção os símios antropomorfos (gibão, gorila, orangotango, chimpanzé) e o homem, em que esta bolsa apresenta dimensões reduzidas e termina por um apêndice vermiforme, rico em tecido produtor de linfócitos, uma categoria de células sanguíneas encarregada da protecção do organismo. Muito se tem escrito sobre o nosso apêndice, considerado um tanto apressadamente como um órgão vestigial, simples reminiscência atávica de um estado ancestral em que o cego teria atingido grande desenvolvimento. Na realidade, o apêndice desempenha um papel na defesa do organismo; embora não seja primordial, uma vez que existem outras barreiras a outros níveis, esse papel talvez não seja insignificante. Deve notar-se que a presença de folículos linfáticos é geral na parede do cego. Foi esta a função que se tornou preponderante no apêndice, sendo nula, pelo contrário, a intervenção directa na digestão.

O quimo saído do estômago progride ao longo do intestino, impelido por ondas de contracção dos músculos da parede (peristaltismo), e as substâncias que o compõem sofrem a acção química intensa das secreções da mucosa. Não está nos nossos propósitos entrar aqui na descrição pormenorizada das suas acções e encadeamento. Retenhamos simplesmente que, deste modo, o tamanho das móleculas orgânicas se reduz até ao dos seus constituintes elementares, ácidos aminados e fosfatos para as proteínas, glucose para os glúcidos (amido, açúcares...), ácidos gordos e glicerol para os lípidos (corpos gordos...). As substâncias ingeridas que tinham já pequenas dimensões moleculares não sofrem transformação e passam através das camadas de células da parede para chegar ao sistema sanguíneo, a partir do estômago ou do primeiro segmento do intestino. É o caso da água, dos sais minerais, do álcool e da maioria dos medicamentos. A permanência das substâncias alimentares no interior do tubo digestivo varia, pois, em função da sua natureza. As que exigem maior esforço de degradação antes de franquear a barreira celular permanecem mais tempo, com a intervenção sucessiva de vários enzimas produzidos pela mucosa, ou então, como é o caso da celulose nos herbívoros, com a intervenção de bactérias que vivem na pança ou no cego e possuem a enzima capaz de triturar esta molécula. É assim que os alimentos ficam sessenta e uma horas na pança de uma vaca e mais onze horas nas bolsas seguintes do estômago. No homem, cerca de setenta por cento da massa alimentar ingerida ao longo de uma refeição atravessa todo o tubo digestivo em setenta e duas horas. O coelho e alguns roedores apresentam a particularidade de fazer as partículas nutritivas percorrer duas vezes o circuito disgestivo. A primeira passagem termina com a expulsão, durante a noite, de excrementos de um tipo particular, que são ainda, na realidade, bolos alimentares desembaraçados das substâncias que eram facilmente degradáveis, enriquecidas por um complemento de bactérias efectuado quando da passagem no cego. O animal ingurgita estas bolas à medida que vão saindo, permitindo, por uma segunda passagem, uma degradação mais intensa, principalmente da celulose, e talvez a absorção de substâncias vitamínicas sintetizadas pelas bactérias. Os verdadeiros excrementos são rejeitados durante o dia. Os excrementos expulsos por um animal representam um resíduo não utilizável por ele, misturado com alguns subprodutos tornados tóxicos, especialmente por causa das acções bacterianas. Mas isso não quer dizer que se trate de substâncias definitivamente colocadas fora do circuito biológico. A passagem no tubo digestivo originou selecções, concentrações e transformações que fazem dos excrementos a matéria-prima para um novo ciclo de utilizações. Pensamos, bem entendido, naquelas que o homem soube aproveitar de forma empírica, ao longo dos milénios, a fim de restituir à terra arável a sua força produtiva. Os nossos auxiliares na matéria são microrganismos que, pelas suas necessidades nutritivas, fazem descer as substâncias orgânicas ao nível mineral, precisamente o único utilizável pela maioria das plantas. Mas há outras reciclagens, como a recuperação pelas aves granívoras de todas as sementes que resistiram às acções digestivas dos herbívoros, ou a escolha dos excrementos por numerosos insectos como meio de desenvolvimento das suas larvas. Além disso, a dispersão e a germinação de muitas espécies vegetais dependem da passagem dos grãos pelo tubo digestivo dos animais. Retomamos assim as observações que fazíamos no início deste capítulo quanto à interdependência dos membros de uma biocenose*.

As fases principais da digestão efectuam-se, por conseguinte, num espaço especializado, o tubo digestivo, onde são vertidas as secreções elaboradas pelas células glandulares. Isso constitui apenas uma fase preparatória da nutrição propriamente dita, que consiste na utilização da energia química potencial de certas substâncias para efectuar a síntese de novas moléculas complexas a partir dos materiais elementares provenientes da degradação dos alimentos. Todo este trabalho é efectuado no próprio interior das células, e durante muito tempo só se lhe conheceram as manifestações exteriores. Hoje em dia, técnicas de dosagem extremamente precisas de quantidades muito pequenas da matéria, a utilização de marcações que permitem seguir a passagem de elementos químicos de molécula para molécula, e a visualização pela microscopia electrónica das estruturas intracelulares — tendem a proporcionar aos esquemas teóricos uma imagem material.

A «alimentação» gasosa

Entre os produtos iniciais indispensáveis à maioria dos seres vivos, pelo menos a todos os animais pluricelulares, encontra-se o oxigénio. É um gás bastante abundante na atmosfera actual e dissolve-se na água sem dificuldade. Acreditou-se durante muito tempo que a sua intervenção no processo vital era da mesma ordem que a que tinha lugar durante a combustão. Na realidade, se este corpo desempenha um papel nestes dois fenómenos em consequência das particularidades da sua constituição atómica, é apenas um dos intervenientes numa série muito complexa de transformações e transferências de energia, cuja maior parte decorre sem ele. Aparece numa fase final simplesmente para fixar o hidrogénio e formar assim moléculas de água, resíduo facilmente eliminado. Sabe-se agora, aliás, que o oxigénio atmosférico é essencialmente um subproduto do funcionamento vital. O início da sua acumulação data da época do aparecimento dos seres que, desde as algas verdes microscópicas até às nossas plantas actuais, encontram a energia necessária para as suas sínteses directamente na radiação solar e apenas têm de extrair elementos minerais de base (gás carbónico, água, nitrato) do meio.

Este tipo de nutrição, chamado autotrofia*, conduz à rejeição do oxigénio. É mais um aspecto das relações estreitas que unem todos os seres. Os animais pluricelulares conservaram, nos mecanismos do seu funcionamento intracelular, vestígios do período em que, para os seus antepassados unicelulares, não havia oxigénio livre disponível — como continua a ser o caso de certas bactérias. Mas a intervenção presentemente indispensável deste gás para que se completem as transformações que asseguram a sua sobrevivência significa que elas próprias surgiram depois dos organismos autotróficos.

Outro gás atmosférico importante é o dióxido de carbono, ou gás carbónico, muito expandido sob a forma mineral (carbonatos) e muito solúvel na água. Constituiu, com toda a verosimilhança, a fonte inicial do carbono, chave fundamental da estrutura viva para as primeiras formas de vida. Ao contrário, nos animais pluricelulares, o carbono é fornecido por moléculas orgânicas complexas e o gás carbónico é um resíduo, não em consequência de uma simples reacção de oxidação combustiva brutal, que seria incompatível com a fragiliddae da matéria viva em condições térmicas com variações importantes, mas pela acção de enzimas intracelulares particulares. Estes dois gases, oxigénio e gás carbónico, têm então de passar, em sentidos opostos, entre o meio e o organismo. Compreendemos assim a razão pela qual, no decurso da evolução, foram ensaiados dispositivos múltiplos para assegurar esta passagem complicada, nos animais, de um transporte entre a superfície do corpo e a totalidade das células.

Da difusão aos mecanismos respiratórios

É provável que a simples difusão gasosa através do tegumento tenha desempenhado, na origem, um papel primordial. É ainda o caso, já o vimos, de numerosos vertebrados e do próprio homem, em que um pouco menos de um por cento das trocas gasosas ainda se efectua pela pele. A difusão é lenta e depende principalmente da diferença de pressão parcial dos gases, de uma e de outra parte da parede que limita os dois sectores. O aperfeiçoamento dos sistemas de trocas vai no sentido de uma maior independência em relação às condições do meio exterior. Com efeito, se um dispositivo permite aumentar o número de moléculas de oxigénio que entram em contacto com as células durante uma unidade de tempo, a variação de riqueza do meio ou das necessidades do organismo pode ser rapidamente compensada.

No conjunto de procedimentos inventados no mundo animal, os vertebrados mostraram a utilização dos dois principais, em modalidades diversas, para a troca com o meio, ao passo que um processo único preside à troca ao nível celular: a circulação sanguínea. Nos aparelhos de tipo branquial, a água em que está dissolvido o oxigénio circula entre lamelas, em cujo interior o sangue passa em contra-corrente, em vasos muito finos. A corrente aquosa é criada tanto pelo movimento das peças esqueléticas como pela deslocação do animal. Nos aparelhos de tipo pulmonar, é no interior do corpo que a troca se efectua através da parede de uma bolsa. Deve notar-se que os pulmões não são apanágio exclusivo dos animais terrestres, o que não é de admirar se admitirmos como provável que estes últimos descendem de animais aquáticos capazes de se aventurar em terra firme! Entre os peixes actuais, há alguns dotados de dispositivos pulmonares. São seres que vivem em águas muito pobres em oxigénio, como as águas paradas, por exemplo, tão frequentes no sistema fluvial da região amazónica. A estagnação da água implica, por sua vez, uma elevação da temperatura, desfavorável à dissolução do oxigénio, e uma acumulação sob as camadas superficiais de outros gases e substâncias que saturam a água. Certos peixes, como os calíctis fazem reservas de água carregada de oxigénio captado à superfície e que passa para o intestino; outros possuem dois sacos especiais, verdadeiros pulmões aéreos (dipneustos), onde o ar absorvido é posto em reserva e liberta o oxigénio no sangue através da parede. Só nos anfíbios se encontra o estádio seguinte de aperfeiçoamento: o aprovisionamento regular de ar por um sistema de bomba aspirante-premente. O gás carbónico difunde-se facilmente pela pele desde que esta seja fina e permeável. A saída definitiva das águas só pôde efectivar-se por um sistema de troca gasosa mais eficaz que o da actual rã, cuja superfície inferior da boca é o único elemento motor que cria o movimento dos gases do exterior para a cavidade bucal, desta para os pulmões, e seguidamente em sentido inverso. A pele impermeável e o aumento das necessidades energéticas são correlativos da existência de um mecanismo de aspiração dos gases pela criação de uma depressão na cavidade do próprio corpo. Vários dispositivos desta ordem foram ensaiados: deslocação do fígado para trás fazendo o papel de pistão, nos crocodilos, movimentos laterais nos lagartos e serpentes. Os mamíferos combinam estes dois tipos pelos movimentos da cúpula do diafragma, que separam a cavidade pulmonar da cavidade abdominal, e pelos das costelas.

Alterações na «distribuição» do gás: a pequena circulação

Paralelamente, os vasos que se distribuíam pelas brânquias para efectuar o fornecimento de oxigénio modificaram-se. O quarto arco aórtico deu as croças aórticas, e o sexto, ramificado na parte direita do coração, a que recebe o sangue proveniente dos órgãos, chega aos pulmões. Nos peixes, o sangue descreve um circuito bastante simples: órgãos — coração — guelras — órgãos.

Com a saída para terra firme o circuito altera-se: órgãos — coração direito — pulmões — coração esquerdo — órgãos. Assim, o sangue passa duas vezes pelo coração e, nas aves e nos mamíferos as duas partes, esquerda e direita, estão completamente isoladas uma da outra: o sangue carregado de gás carbónico que provém dos órgãos não se mistura com o que regressa dos pulmões, enriquecido de oxigénio. A passagem de um tipo de aparelho cardiovascular para outro repete-se em parte do desenvolvimento do embrião humano, e por vezes há desvios que determinam anomalias pela manutenção da ligação primitiva entre o sexto (artéria pulmonar) e o quarto arco (aorta) ou da comunicação entre as duas partes do coração. A mistura daí resultante não permite aos órgãos dispor de um nível suficiente de oxigénio quando as necessidades aumentam, e a presença de gás carbónico em todo o circuito confere à pele uma tonalidade azulada (doença azul). Estas comunicações desaparecem normalmente nos primeiros meses após o nascimento, mas deixam de funcionar desde que o recém-nascido, enchendo os pulmões de ar, cria uma sobrepressão do lado esquerdo relativamente ao lado direito. Apesar da eficácia destes mecanismos de trocas e de transporte dos gases respiratórios, um esforço violento e continuado, por exemplo numa corrida de fundo, cria o que se chama um débito de oxigénio. As células, principalmente as dos músculos, continuam no entanto a funcionar, o que prova bem que o oxigénio não intervém na libertação de energia consumida, como acontece numa combustão. Mas o défice é assinalado pela acumulação nos tecidos de uma substância tóxica, o ácido láctico. Por vezes, são necessárias várias horas para que este ácido se transforme em glucose no fígado. Uma actividade moderada ou massagens, acelerando o fluxo sanguíneo, facilitam a reabsorção deste débito. O gás carbónico só é tóxico numa concentração muito forte. A sua acumulação por razões de ventilação insuficiente não deveria teoricamente causar problemas, uma vez que existe no sangue um dispositivo químico para tamponar o aumento da acidez que resulta da dissolução deste gás. Mas há uma concorrência física entre o oxigénio e o gás carbónico, facilitando a partida de um a chegada do outro. É a elevação da taxa deste gás no sangue que, ao nível dos centros nervosos, desencadeia um reflexo de aceleração dos movimentos de ventilação pela caixa torácica e o diafragma, até que a taxa desça pela expulsão forçada. A superfície total de trocas entre o ar e o sangue ao nível dos pulmões é enorme, cerca de duzentos metros quadrados, graças à subdivisão da árvore brônquica até a um nível microscópico.

Contrariamente aos pulmões dos anfíbios e dos répteis, que parecem simples sacos de ar sob cuja parede circulam capilares sanguíneos, os dos mamíferos dão a impressão de estar «cheios», mas têm um aspecto esponjoso. Com efeito, o ar distribui-se por milhões de pequenos alvéolos que constituem, à sua escala, outros tantos pequenos sacos comparáveis aos pulmões da rã. Os pulmões formam-se no embrião a partir de um divertículo central do esófago que aparece cerca da terceira semana. Apenas no sétimo mês de desenvolvimento a extremidade dos brônquios forma os alvéolos. São constituídos por uma única camada de células achatadas, directamente aplicadas sobre a parede dos capilares sanguíneos. Desde então, a respiração aérea é possível se ocorre um nascimento prematuro. Até o recém-nascido chegar ao ar livre, as vias respiratórias estão cheias do líquido em que se encontra imerso. É durante o parto que, por compressão da caixa torácica, o líquido é expulso, sendo então substituído pelo ar; ao terceiro dia, todos os alvéolos estão dilatados.

O lugar eminente do fígado

Quando do nascimento, as fábricas moleculares contidas em cada célula vão receber directamente do exterior, pelo tubo digestivo e os pulmões e depois o veículo sanguíneo, os produtos de base necessários à construção final do organismo. Esta dependência do exterior é constante, em relação ao oxigénio, na maioria dos casos: raros são os vertebrados que sobrevivem a um período de confinamento num espaço desprovido deste gás. Conhece-se experimentalmente o caso dos sapos. Nos mamíferos mergulhadores, parecem existir dispositivos circulatórios que permitem pôr em reserva uma grande quantidade de sangue oxigenado. Ao invés, o fluxo nutritivo não tem necessidade de ser constante, e neste ponto um sistema aperfeiçoado de armazenagem aumentou consideravelmente a liberdade em relação às contingências do meio exterior. Este sistema é comparável a um volante de regulação por inércia que, numa máquina, absorve uma parte da energia do motor mas a restitui se o motor tem falhas. As interrupções bruscas a montante já não se manifestam a jusante. Esta é uma das funções do fígado.

Esta massa enorme de trezentos biliões de células, com um peso médio de um quilograma e meio, recebe pelas veias portas hepáticas o sangue proveniente do tubo digestivo. Este fluxo rico em substâncias nutritivas, pelo menos após as refeições, distribui-se no interior do órgão por uma rede quase geométrica. Cada uma das células ou hepatócitos vai absorver glucose e pô-la de reserva sob uma forma compacta: o glicogénio. Um abaixamento da taxa de glucose do sangue que chega aos órgãos desencadeia um mecanismo subtil que conduz à redução do glicogénio a unidades de glucose, ao nível do pólo de saída dos hepatócitos. Estas células possuem, felizmente, um poder excepcional de proliferação. Foi possível saber que, se três quartas partes da massa hepática forem retiradas cirurgicamente, a massa de origem reconstitui-se em quatro meses. Esta forte capacidade de proliferação está associada a uma duração de vida muito escassa. O nosso fígado renova-se, assim, em menos de dois anos. Este órgão não intervém só como regulador da energia distribuída por todas as células do corpo. A sua situação anatómica, sobre uma dupla corrente sanguínea (veia porta proveniente do tubo digestivo e artéria proveniente da aorta) distribuída até ao nível celular, faz dele um reservatório considerável de sangue e um verdadeiro radiador. Além disso, actua como um filtro, depurando o sangue de certas toxinas, quer de origem externa, chegadas ao sangue pela via digestiva, respiratória ou por efracção (venenos), quer de origem interna, produzidas pelo próprio funcionamento celular. Todo um arsenal de enzimas neutraliza estes produtos tóxicos transformando-os quimicamente e, em certos casos, efectuando a sua reciclagem para uma nova utilização.

    Entre as substâncias nocivas libertadas sem cessar pelo metabolismo celular, deve citar-se o amoníaco que provém da destruição das proteínas e dos seus componentes elementares, os ácidos aminados. Nos organismos simples que vivem na água, o amoníaco é progressivamente rejeitado por dissolução no meio. Mas o aumento do ritmo de actividade, portanto, da degradação, conduz a uma concentração deste corpo para além do limiar tóxico. É então necessário incorporá-lo numa molécula menos tóxica: a ureia ou ácido úrico, que em seguida é eliminada do organismo. Os vertebrados utilizam uma ou outra destas formas de excreção do azoto que têm propriedades físicas diferentes: a ureia é muito solúvel na água e exige, para ser rejeitada, uma perda substancial deste precioso elemento. O ácido úrico, formado a partir da ureia, pode, pelo contrário, ser expulso sob a forma cristalizada, permitindo a economia da água. Esta última solução é praticada pelos répteis e as aves; pode ver-se aí um vestígio da adaptação dos antepassados destes animais a uma vida completamente liberta do meio aquático. Todavia, os mamíferos excretam a ureia, como os peixes e os anfíbios, o que parece contradizer a hipótese de descenderem de um grupo de répteis. Porquê este regresso a um processo que conduz a uma perda de água, sem importância para um animal aquático mas que implica uma restrição de liberdade para o que vive em meio terrestre? Na realidade, não existe retrocesso, porque os mamíferos adquiriram rins de um tipo especial, onde se efectua uma recuperação da água, sendo a ureia finalmente rejeitada numa forte concentração, havendo assim a economia da sua transformação em ácido úrico. Este último existe também no homem entre os produtos excretados na urina. Provém unicamente da degradação dos ácidos nucleicos.

As células hepáticas rejeitam também, não para o sangue mas para um sistema especial de drenagem, um produto que vimos intervir na digestão: a bílis. Esta substância complexa é, na maior parte das vezes, posta em reserva numa bolsa, a vesícula biliar, que só se abre se a parede do intestino delgado for submetida ao contacto do quimo ácido proveniente do estômago. Além do seu papel de emulsionante das gorduras pelos ácidos biliares, a bílis representa ainda um produto de excreção, em particular de pigmentos que provêm da destruição dos glóbulos vermelhos «gastos».

O fígado aparece, assim, como a placa giratória energética do organismo. Este tipo de órgão, que centraliza o afluxo e a distribuição das substâncias indispensáveis a uma boa libertação da energia, apareceu por diversas vezes nos animais em várias ramificações, o que se designa de modos distintos: hepato-pâncreas do caracol, por exemplo. Em compensação, enquanto órgão anatomicamente delimitado, o fígado é o «mesmo» em todos os vertebrados: aparece a partir dos mesmos tecidos embrionários, interpenetração do entoblasto digestivo, do mesoblasto de revestimento e do sistema circulatório. Mas não é capaz de fazer em todos exactamente a mesma coisa. Ao longo da evolução, as células hepáticas receberam enzimas que permitem um tratamento bioquímico diferente das matérias-primas saídas da digestão e trazidas pela corrente sanguínea. Esta especificidade de um certo número de substâncias elaboradas pelo fígado pode ser aproveitada para procurar as afinidades entre as diferentes espécies animais e tentar reconstituir a sua história.

V

O APARELHO CIRCULATÓRIO E IMUNITÁRIO

O coração reposto no seu lugar

Hoje em dia, é evidente para toda a gente que «o sangue corre nas nossa veias». No entanto, a circulação do sangue, a sua passagem incessante numa série de tubos que compreende veias e artérias, não era conhecida no tempo do rei Henrique IV. Este líquido vermelho, encontrado nas veias depois da morte, era considerado como um humor nobre, símbolo de vida, de parentesco e de coragem. O coração era igualmente associado a valores afectivos e morais. E reduzir este órgão ao papel de bomba que envia o sangue aos pulmões para se regenerar tinha lançado Michel Servet às fogueiras calvinistas. Alguma razão para nos admirarmos? Basta lembrar que o grande movimento de opinião quando, não há mais de dez anos, as primeiras transplantações cardíacas, de há muito praticadas nos animais, tiveram lugar no próprio homem. Manifestamente, tratava-se menos de uma curiosidade pela proeza cirúrgica que de um despertar de concepções mitológicas ante a audácia destas operações. Ignorância? Talvez antes uma sobrevivência do período pré-científico desta forma de pensamento veiculada por numerosas expressões da linguagem, em que o coração aparece como agente de valores morais. Aliás, não é de excluir que a audácia do Dr. Barnard, em 1967, tenha tido uma componente provocatória em relação à sociedade onde vivia. Com efeito, a África do Sul é um país impregnado de calvinismo, que escapou em parte aos debates filosóficos dos três últimos séculos na Europa, e que conserva nitidamente as marcas da intransigência dos primeiros reformados. Isto relaciona-se com os problemas, que retomaremos a propósito do cérebro, referentes à extraordinária resistência do pensamento mítico às aquisições do conhecimento científico sobre o nosso próprio corpo. O facto é que, nas escolas do menor dos aglomerados pequenos do Transval ou do Estado de Orange, ensina-se há muito que o sangue é propulsionado num circuito fechado por um órgão contráctil: o coração — e que aí reside a sua única função.

A ideia da circulação de substâncias no interior do corpo é antiga, por lógica, mas durante muito tempo ignoraram-se os seus circuitos reais; foi necessário esperar pelo século passado para se reconhecer a natureza dos líquidos circulantes, tecidos especializados tal como o osso ou os músculos.

A história do aparelho circulatório foi inicialmente compreendida à luz da anatomia comparada e da embriologia, ao passo que as funções múltiplas dos tecidos líquidos só serão entrevistas após o enunciado de uma «teoria celular» dos organismos, dois séculos após a descoberta do microscópio e, mais recentemente ainda, quando foram conhecidas as propriedades físico-químicas dos componentes destes líquidos.

Porquê líquidos circulantes?

A água é certamente o corpo mais essencial ao desenvolvimento das formas vivas. As suas propriedades químicas e físicas fazem dela um elemento precioso. A vida apareceu na água, e um grande número de seres vivos compõe-se maioritariamente de água. No entanto não intervém, a não ser na qualidade de auxiliar, nos processos fundamentais da vida. É um transportador fantástico para as numerosas substâncias que tem capacidade para dissolver ou para, simplesmente, transportar em suspensão. Para os seres constituídos por uma única célula, o problema das trocas é simples: vivem na água que atravessa as suas membranas superficiais. Quanto aos seres organizados na base de um aglomerado de células provenientes da divisão de uma célula de origem, correm o risco de sofrer um certo isolamento em relação ao meio. As esponjas e as hidras resolvem a questão da manutenção e das condições de troca simultaneamente com a da unidade do aglomerado pela passagem da água exterior para o interior do espaço delimitado pela parede simples do «corpo». De qualquer modo, trata-se de sacos ou... esponjas. Parece lógico considerar que este processo é o mais arcaico.

O segundo estádio teve de ser representado pelo fechamento de uma cavidade sobre si própria, limitando-se o animal a conservar aberturas apenas para a passagem das substâncias nutritivas. A especialização de células digestivas agrupadas em tubo supõe, por conseguinte, a existência de um «mar interior», fluido que circula lentamente entre as células e sem contacto directo com o exterior. O aparecimento desta cavidade interna, chamada celoma, facilitou decerto a explosão da divisão do trabalho fisiológico entre diversas categorias celulares. A circulação do fluido de transporte, conduzindo as substâncias nutritivas extraídas pelas células digestivas e o oxigénio indispensável à libertação final da energia, foi facilitada pela armazenagem do fluido num reservatório contráctil.

O estádio seguinte é a invenção da tubagem que isola um agente de intervenção rápido dos fluidos intercelulares muito mais passivos. Os sectores não ficam, evidentemente, totalmente isolados; é assim que a linfa representa, nos vertebrados, um líquido que, pela sua circulação lenta, serve de intermediário entre os tecidos e o sistema sanguíneo com o qual comunica directamente o sistema linfático. Nos anfíbios e répteis este último aparece mesmo dotado de «corações», situados de cada lado da coluna vertebral, na região pélvica. São particularmente longos e possantes nas serpentes, cujo comprimento e pressão desenvolvida pelos músculos põem problemas de circulação dos fluidos. Com efeito, a circulação de um fluido numa tubagem complexa obedece a imperativos mecânicos. As leis da física ensinam-nos que a pressão de um líquido num reservatório tubular depende da força da impulsão e da resistência ao avanço, sendo esta determinada pelo comprimento e o diâmetro das condutas, assim como pela viscosidade do líquido. Esta pressão é forte nos mamíferos quando medida não longe da bomba cardíaca, por exemplo ao nível da artéria carótida ou da artéria radial (antebraço). Mede-se pela altura a que é capaz de fazer subir uma coluna de mercúrio. Os aparelhos pneumáticos utilizados pelos médicos são aferidos em referência a esta definição. A pressão arterial está compreendida entre cento e vinte e oitenta milímetros de mercúrio, no homem; no cavalo é de cento e oitenta milímetros ao nível da carótida; nas aves é da mesma ordem. Pelo contrário, nos vertebrados que são capazes de libertar energia suficiente para serem independentes do meio exterior no plano térmico (pecilotérmicos), como os répteis e os anfíbios, esta pressão é muito mais fraca (trinta a cinquenta milímetros, no crocodilo, vinte, na rã). O volume de líquido assim propulsionado no circuito sanguíneo, para ser comparado entre dois animais, deve ser referido a uma mesma massa corporal. Está compreendido entre seis e dez milímetros para cem gramas de corpo, nos mamíferos, situando-se o homem quase a meio desta margem de variação. Os peixes possuem um volume sanguíneo nitidamente menor. Pelo contrário, certos invertebrados possuem um volume relativo muito importante; é o caso dos moluscos e das lagartas de borboleta.

História do coração

O coração — significando o termo do elemento que anima a corrente sanguínea — não passa, na maior parte das vezes, de uma parte diferenciada de um grande vaso. É o caso da maioria dos invertebrados, em que se situa na parte dorsal do organismo, sobre o tubo digestivo. Na sua forma mais simples, é percorrido por uma sequência de ondas de contracção, de tal maneira que o fluido é incessantemente impulsionado no mesmo sentido. Nos vertebrados é também uma parte especializada de um vaso longitudinal situado ventralmente, na parte superior do tubo digestivo. A sua primeira função é dirigir o sangue para a frente no sistema branquial, onde vai enriquecer-se de oxigénio dissolvido na água ambiente, como vimos no capítulo anterior. De forma consistente, divide-se numa porção extensível, que recebe o sangue proveniente dos tecidos, e numa porção contráctil, que assegura a função de bomba compressora. Esta divisão em aurícula e ventrículo corresponde a um movimento descontínuo que compreende uma fase em que, não sendo já exercida a pressão para a frente, o sangue tende a voltar para trás. É então impedido por um sistema de válvulas possantes que só se abrem, num sentido e que separam, por um lado, a porção receptora (aurícula) da porção impulsionante (ventrículo) e, por outro, o ventrículo do tronco arterial que dele deriva.

Com o aparecimento da respiração aérea e as transformações concomitantes de toda a região branquial, vimos que se estabelece um circuito particular entre o novo órgão de trocas gasosas, os pulmões e o coração. O regresso do sangue oxigenado ao coração antes de chegar aos tecidos constitui um aperfeiçoamento evidente do ponto de vista mecânico. O fenómeno é acompanhado pela divisão da aurícula primitiva (seio venoso) em duas: a esquerda, que recebe o sangue proveniente dos pulmões, e a direita, que recebe o fluxo proveniente de todas as partes do corpo. Ao mesmo tempo, o coração torna-se ainda mais compacto: já não é um tubo mais ou menos rectilíneo; encurvou-se, trazendo a porção receptora ao mesmo nível que o cone musculoso do ventrículo. Nos répteis, este último mostra, por sua vez, um esboço de divisão. Com efeito o sangue saído dos órgãos e que se escoa pela aurícula direita acha-se misturado com aquele que, carregado de oxigénio, sai da aurícula esquerda, o que constitui uma perda de eficácia, na medida em que o sangue propulsionado não transporta na totalidade o precioso gás. As pregas da parede interior do ventrículo e do cone arterial que o prolonga permitem uma separação parcial dos fluidos que provêm destas duas fontes. Com as aves e os mamíferos, grandes consumidores de energia, a separação é completa: há dois corações, sendo a parte esquerda reservada ao sangue oxigenado que, vindo dos pulmões, é propulsionado para o conjunto do corpo. A porção ventricular que lhe corresponde é muito mais potente, uma vez que o seu esforço é considerável em comparação com o que é efectuado pela porção direita, apenas responsável pelo envio do sangue para os pulmões.

Todas estas transformações evolutivas são ainda perceptíveis no embrião humano no decurso da formação do coração e dos grandes vasos que derivam dele. É efectivamente a partir de um tubo ventral, que se destaca para baixo a partir da porção anterior do embrião, que se constitui o esboço do coração. A parede deste tubo compreende três camadas: o endocárdio, ou revestimento interno, o miocárdio, parte musculosa, e o revestimento externo, lâmina visceral do pericárdio. Este último é, na verdade, como a pleura dos pulmões, composta por duas camadas distintas que delimitam uma cavidade pericárdica, de tal maneira que o tubo cardíaco fica suspenso na cavidade. No vigésimo terceiro dia de desenvolvimento, o coração começa a bater espontaneamente. Progressivamente, a porção receptora (seio venoso) avança para a cavidade pericárdica e coloca-se sobre o cone contráctil. Aumenta consideravelmente, e estabelece-se uma compartimentação entre a aurícula direita e a aurícula esquerda sob a forma de uma dupla parede, cada uma delas com um orifício que não está em frente do outro. O isolamento total só tem lugar após o nascimento, pelo estabelecimento da circulação pulmonar que, elevando a pressão sanguínea na aurícula esquerda, determina a junção das duas paredes e o fechamento da comunicação oblíqua (orifício de Botal) entre os dois orifícios. Toda a anomalia no desenvolvimento de uma ou outra destas divisórias paralelas coloca o recém-nascido nma situação de défice geral de oxigénio, por mistura do sangue proveniente dos pulmões com o que provém dos tecidos. O ventrículo compartimenta-se também pelo crescimento de refegos internos da parede, um na direcção do outro. A formação dos grandes vasos que recebem o sangue propulsionado pelos ventrículos e o distribuem, quer pelos pulmões (pequena circulação), quer pelo conjunto do corpo (grande circulação), efectua-se a partir do plano segmental «recuperado» da organização branquial primitiva. O tronco arterial pulmonar (que conduz o sangue para a oxigenação) deriva do sexto arco branquial; o tronco arterial aórtico (que conduz o sangue oxigenado para os órgãos) utiliza o quarto arco. Na origem, cada segmento compreende um arco à esquerda e um arco à direita e todos se reúnem dorsalmente após a passagem na região branquial. Este estádio é ainda visível no embrião humano, embora já não haja brânquias.

A separação completa entre coração esquerdo e coração direito, nas aves e mamíferos, introduz uma dissimetria importante no papel dos arcos esquerdo e direito de cada segmento e conduz à necessidade da ruptura da sua intercomunicação. Curiosamente, a partir do vasto conjunto dos répteis, duas soluções opostas se desenharam no decurso da evolução. Na linhagem que conduziu às aves, a croça aórtica esquerda desaparece — é, pelo contrário, a que domina na linhagem que conduz aos mamíferos — não formando a croça direita senão a artéria subclárica direita, que chega à região do membro superior direito e dá, para a frente, a carótida direita. Em consequência da complicação destas transformações, numerosas anomalias podem ocorrer. Na maior parte dos casos não têm incidência na vida pós-natal, desde que o isolamento do tronco aórtico e do tronco pulmonar seja respeitado.

Uma bomba automática

O automatismo cardíaco é absolutamente surpreendente: o coração começa a bater nos embriões sem ter surgido previamente nenhum sistema de comando nervoso (após vinte quatro horas de incubação, na galinha) e, colocado num líquido nutritivo, o coração isolado de numerosos animais pode continuar a bater quase indefinidamente. Isso significa que o miocárdio, tecido contráctil do coração, contém em si mesmo a sua própria fonte de excitação rítmica. Esta propriedade parece ser uma característica primitiva que foi conservada ao longo da evolução por causa da segurança que representa, a longo prazo, para os organismos. A fonte desta excitação automática reside na região do seio venoso. A excitação é distribuída pelo conjunto do miocárdio por um tecido especializado nos vertebrados homotérmicos (aves e mamíferos). Em caso de falha, sabe-se agora substituir este automatismo por uma fonte eléctica de impulsos (*pacemaker* artificial). O ritmo das pulsações cardíacas é muito variável nos animais. Depende da estatura, mas também da idade. Lento nos grandes mamíferos (vinte e cinco a trinta batimentos por minuto no elefante, trinta a cinquenta no cavalo), é nitidamente mais rápido nos médios (cem a cento e vinte no cão, cento e cinquenta a cento e oitenta no coelho) e sobretudo nos pequenos (seiscentos a setecentos nos ratos). As aves detêm a primazia: mil no canário. Estes batimentos, percebidos pela palpação directa da região cardíaca ou de uma grande artéria, dão apenas uma imagem muito aproximada dos fenómenos complexos que têm lugar no decurso de cada ciclo desta dupla bombagem. Pelo contrário, o registo das variações da pressão em cada uma das quatro câmaras e das actividades eléctricas que acompanham a progressão da contracção nos diferentes sectores do miocárdio permitiram conhecer, com grande precisão, a sucessão das diversas fases e a sua duração. Pode dizer-se que este ciclo compreende um tempo de enchimento e um tempo de ejecção. Mas convém não esquecer que o coração está, na realidade, no centro de um sistema cujos sectores não se encontram à mesma pressão. O enchimento das cavidades ventriculares só pode fazer-se após o seu isolamento do conjunto, até que a sua pressão interna ultrapassa a que se mantém a jusante. O primeiro tempo consiste num enchimento rápido das cavidades auriculares (aurículas), isoladas dos ventrículos por um sistema de válvulas, com a totalidade do coração relaxada. A abertura das válvulas aurículo-ventriculares faz passar o sangue para os ventrículos protegidos a jusante pelas válvulas arteriais. Quando todo o volume passivamente disponível está preenchido, as aurículas contraem-se (sístole auricular), determinando uma sobrepressão nos ventrículos distendidos. Fecham-se então as comunicações aurículo-ventriculares e os ventrículos começam a contrair-se (sístole ventricular) fazendo elevar consideravelmente a pressão até que as válvulas semilunares cedem (à esquerda, separando o ventrículo da aorta; à direita, separando o ventrículo das artérias pulmonares): é a ejecção do sangue. Desde que a pressão intraventricular se torna inferior à das grandes artérias, as válvulas fecham-se. Dois ruídos se produzem pela acção ventricular: o primeiro resulta da contracção brutal dos ventrículos e das vibrações das válvulas aurículo-ventriculares (mitral à esquerda, tricúspide à direita), que resistem à enorme pressão e impedem o refluxo do sangue para trás; o segundo, mais breve e seco, traduz o fechamento das válvulas aórticas que isolam de novo as cavidades ventriculares do circuito arterial. O prolongamento anormal dos ruídos por murmúrios, percebido por auscultação revela perturbações devidas à ineficácia das válvulas no isolamento dos compartimentos onde reinam pressões diferentes. Como isso se reflecte sobre o trabalho exigido ao músculo, e a longo prazo ameaça pô-lo à prova, e uma vez que se trata de um problema de pura mecânica, substituem-se cirurgicamente estas «peças defeituosas» por próteses artificiais cujo princípio deriva da engenharia hidráulica.

Se o automatismo cardíaco do tecido cardíaco é uma garantia de sobrevivência a longo prazo para os animais que o possuem, não permite todavia a adaptação imediata a condições impostas pelo meio exterior. É assim que a lampreia, representante actual dos vertebrados sem maxilares (agnatos), não pode acelerar os seus movimentos cardíacos em resposta a uma necessidade súbita de energia, para escapar ao inimigo ou, pelo contrário, para segurar o alimento. Compreende-se perfeitamente que estes animais sejam muito passivos, alimentando-se por filtragem de pequenas partículas no estado larvar, ao passo que, no estado adulto, uns são sugadores do sangue dos peixes em que se fixam e outros não se alimentam, limitando-se a constituir um estádio de reprodução, à maneira de certos insectos. O aparecimento de mecanismos reguladores do ritmo cardíaco, que modulam o automatismo em função das exigências das condições de vida, representa, portanto, um progresso evolutivo. Este controlo é efectuado por um duplo sistema de nervos. O nervo vago, décimo par dos nervos cranianos, envia dois feixes compostos principalmente por fibras que pertencem à divisão para-simpática, ainda chamada sistema nervoso autónomo. A sua acção é a de travar continuamente a actividade do tecido cardíaco automático por intermédio de uma substância química, a acetilcolina, segregada a extremidade das fibras nervosas. Os nervos aceleradores pertencem à divisão simpática do sistema autónomo. Utilizam o trajecto de raízes raquidianas e actuam simultaneamente sobre o tecido automático e directamente sobre o miocárdio ventricular pela secreção de adrenalina. Segundo um princípio geral, as acções contrárias destes dois sistemas são constantes: o equilíbrio do fiel da balança é estabelecido pelo exercício permanente de forças que representam os pesos iguais colocados nos dois pratos. Todas as espécies de mensagens provenientes da periferia agem sobre este sistema delicado, desde os captores de pressão a certo nível da tubagem até ao cérebro, reagindo aos agentes externos criadores de emoção. O ritmo das contracções pode assim ser duplicado, o que determina um aumento considerável do débito, e, portanto, durante a unidade de tempo, do volume sanguíneo que chega ao contacto com as células do organismo. Há evidentemente um limite para além do qual a aceleração cardíaca não pode continuar a aumentar o débito, porque as aurículas não têm tempo para se encher novamente com o sangue de retorno. Há também agentes físicos e químicos que agem sobre o automatismo. Assim, o tecido cardíaco é muito sensível às variações de temperatura; na rã, o ritmo duplica para um aumento de dez graus centígrados. Temos aqui uma das causas da pouca actividade dos pecilotérmicos a baixas temperaturas. Esta propriedade permitiu o aperfeiçoamento de uma técnica operatória, a hipotermia, que foi utilizada antes de se aperfeiçoar o coração-pulmão artificial: se baixarmos a temperatura central de um homem a vinte e oito graus centígrados, os batimentos cardíacos tornam-se muito lentos e os tecidos, funcionando frouxamente, suportam uma paragem quase total de fornecimento de oxigénio durante cerca de dez minutos, tempo que o cirurgião pode aproveitar para intervir no coração. Numerosas substâncias químicas naturais actuam num sentido ou noutro sobre o ritmo cardíaco, desde os sais de potássio (inibidor) e de cálcio (excitante) a certos venenos vegetais. Desde há muito que a farmacopeia tira partido destas propriedades.

O sangue, do essencial ao pormenor

Em caso de esforços físicos importantes, vinte e cinco a trinta litros de sangue atravessam o coração num minuto, o que representa um trabalho considerável. A nossa querida bomba está também entre os primeiros consumidores do precioso líquido: as artérias coronárias que irrigam o miocárdio ramificam-se desde a base da aorta e subtraem cinco por cento do débito cardíaco para o distribuir por cinco mil capilares espalhados até ao milímetro quadrado. A menor interrupção no fornecimento de energia determina lesões graves do músculo (enfarte).

Dada a complexidade do conjunto da rede sanguínea, que se resolve em sete mil metros quadrados ao nível dos capilares microscópicos onde se efectua a distribuição «de minúcia», a pressão arterial à saída do coração baixa progressivamente na razão do afastamento da saída, mas é mantida constante, se bem que os movimentos do coração sejam alternativos. Com efeito, a parede das artérias é elástica: deforma-se sob o impulso sistológico, absorvendo assim uma parte da energia cinética que restitui durante o relaxamento cardíaco (diástole). A rigidez patológica desta parede introduz uma perda de energia, uma baixa geral da pressão que, por via reflexa, determina um acréscimo de trabalho para o coração. O débito é variável segundo os sectores do corpo. É muito importante ao nível do cérebro, onde trezentos a quatrocentos mililitros irrigam por minuto cem gramas de substância, assim como ao nível do intestino e do filtro renal. A pele (de cento e cinquenta a duzentos mililitros) desempenha um papel particular. Quando o débito aumenta para esta superfície, isso equivale a uma perda maior de calorias e tende a arrefecer o conjunto do corpo. Pelo contrário, se tivermos necessidade de economizar calorias para manter a temperatura óptima do nosso funcionamento interno (trinta e sete graus centígrados), o débito desce na periferia. O sangue intervém assim de maneira importante na regulação e homogeneização térmica.

Certas partes aparentemente ornamentais, como os grandes pavilhões das orelhas do coelho ou dos elefantes, constituem zonas susceptíveis de irradiar rapidamente uma sobrecarga de energia para a rede sanguínea que as atravessa. No homem, cuja pele contém uma vascularização abundante e grande número de glândulas sudoríparas, a maior parte da superfície corporal representa um radiador térmico. Há simultaneamente perda de calorias por radiação durante uma dilatação intensa dos vasos periféricos e absorção de calorias por evaporação do suor nesta superfície sobreaquecida. Nos animais cuja temperatura interna, e portanto o nível de actividade, dependem da temperatura ambiente e não temem a dessecação, como os répteis, a vascularização da pele permite, ao invés, uma captação directa das calorias irradiadas pelo Sol. Os lagartos adoptam posições particulares, achatando o corpo e orientando-o em relação à direcção dos raios, de tal modo que o sangue, aquecendo na periferia, faz elevar a temperatura interna. A presença de pigmentos negros (melanina) na pele facilita esta captação passiva de energia calórica. Conhecem-se répteis fósseis (pelicossaurios) que possuíam enormes espinhas neurais sobre as vértebras do tronco. Daí se deduz que transportavam sobre o corpo uma espécie de vela de pele vertical. Pode ser que esta superfície lhes tenha permitido captar com uma eficiência acrescida a energia solar, para manter, pelo menos durante o dia, um alto nível de actividade.

Enquanto líquido circulante, o sangue veicula toda a espécie de substâncias e de corpúsculos cujas funções são tão variadas como essenciais. Dissemos atrás que se trata de um tecido líquido, isto é, um conjunto de células livres imersas num plasma. Esta fracção líquida contém um pouco mais de noventa por cento de água, representando assim cinco por cento da água total que entra na constituição do corpo (setenta por cento). O plasma contém, além disso, substâncias minerais e orgânicas. Algumas fazem parte do plasma a título permanente; é o caso das proteínas específicas do sangue, albumina, globulina e fibrinogénio, que lhe asseguram a viscosidade e intervêm na produção e transporte de anticorpos, e na coagulação necessária à obstrução das fugas do circuito, em caso de ferimento. As outras substâncias são matérias-primas ou subprodutos do metabolismo (ureia, gorduras, colesterol, glucose, etc.), ou, finalmente, secreções de glândulas endócrinas (hormonas) que são mensageiros químicos. Esta simples enumeração mostra-nos que temos, no sangue, um tecido não apenas polivalente, mas sobretudo garante da coordenação de conjunto; factor de integração de diversas funções — integração esta que, afinal de contas, «faz» a unidade do organismo. Tendo partido da pele, fronteira imediata com o meio externo, eis-nos chegados a um ponto onde se cruzam as influências externas e internas.

As células sanguíneas, veículos e polícias

A corrente sanguínea transporta três espécies de células com origens e funções diferentes. Os glóbulos vermelhos, hematias ou eritrócitos fabricados na medula vermelha dos ossos, são transportadores de oxigénio. Estes discos minúsculos com uma depressão no centro foram perfeitamente observados e descritos pelos primeiros utentes do microscópio desde o fim do século XVII, mas apenas século e meio mais tarde se compreendeu o seu papel. Nos mamíferos, os glóbulos vermelhos são uma espécie de esponjas embebidas passivamente em hemoglobina. São desprovidos de núcleo e, incapazes de assegurar a sua sobrevivência, desaparecem após uma actividade de alguns meses, despedaçados pelo desgaste produzido pelas pressões mecânicas. Provêm da transformação de células particulares cujas mães se situam, no adulto, na medula rugosa dos ossos, e perdem o núcleo quando passam para o sangue. Trata-se de uma especialização evolutiva, já que os eritrócitos de todos os vertebrados, com excepção dos mamíferos, conservam o núcleo. No homem, pelo contrário, os glóbulos vermelhos já não passam de veículos lançados na corrente sanguínea com uma certa quantidade de reservas energéticas. Durante a sua viagem de cerca de cento e vinte dias, terão de fazer face, não só ao atrito, ao choque, mas também à tendência dos constituintes da hemoglobina para se oxidarem e à da água para se infiltrar no interior até os fazer rebentar (hemólise). Esgotadas as suas reservas, incapazes de as sintetizar de novo uma vez que não possuem o programa contido normalmente no núcleo, os glóbulos são destruídos.

Em número de quatro e meio a cinco milhões por milímetro cúbico de sangue, as hematias humanas representam, em volume, metade do volume sanguíneo. Esta população é tal que, nos mais finos capilares, de diâmetro escassamente superior ao dos glóbulos, estes se enfileiram como automóveis em dia de partida para férias! A sua especialidade é, por conseguinte, transportar hemoglobina, pigmento cuja molécula tem a propriedade de fixar temporariamente o oxigénio. Existe no conjunto dos animais uma variedade de tipos de pigmentos respiratórios. Em todos eles, a parte quimicamente activa em relação ao oxigénio, constituída por átomos metálicos. Trata-se de cobre nos cefalópodos (polvos, etc.), alguns gasterópodos, crustáceos alguns aracnídeos (aranhas, escorpiões); o pigmento azulado correspondente chama-se hemocianina. As hemoglobinas, pois existem diversas espécies que diferem na envergadura molecular, são activas pela presença do ferro. Num grande número de invertebrados, as moléculas dispersam-se simplesmente no plasma circulatório. Os vertebrados partilham com os equinodermes (ouriços, estrelas do mar) a posse de células particulares para o transporte do pigmento. Todavia, é preciso lembrar que o tecido muscular vermelho de muitos vertebrados, miocárdio incluído, encerra também uma hemoglobina (mioglobina). As diferentes hemoglobinas não têm a mesma reactividade em relação ao oxigénio: não se carregam deste gás a uma mesma pressão parcial do meio. De modo geral, as espécies aquáticas são providas de uma hemoglobina que fixa o oxigénio a pressões relativamente baixas. Encontra-se a mesma diferença de propriedade entre a hemoglobina do embrião humano, fabricada no fígado, que se carrega de oxigénio a uma fraca pressão parcial, e a hemoglobina do adulto, fabricada principalmente na medula óssea, cuja reactividade mais baixa necessita de uma pressão parcial mais importante. Neste aspecto, o embrião comporta-se como um animal aquático.

Compondo-se cada uma de trinta e dois por cento de hemoglobina, o número de hematias que circulam no sangue dá uma imagem fiel da capacidade deste para fixar oxigénio durante a passagem nos alvéolos pulmonares. Os números citados acima correspondem a uma necessidade média dos tecidos em oxigénio, com uma ligeira diferença sexual, sendo mais elevada no sexo masculino. Mas podem intervir dois tipos de variação: ou uma diminuição da taxa de oxigénio no ar inspirado, ou um consumo aumentado ao nível dos tecidos. O primeiro caso ocorre quando o organismo respira a grande altitude; o segundo no caso de um esforço violento. A resposta é idêntica: um aumento considerável do número de hematias postas em circulação e, portanto, da quantidade de hemoglobina susceptível de captar oxigénio. Quando a exigência é meramente temporária, o baço, reservatório de hematias, liberta rapidamente o seu conteúdo. Mas se as condições persistem, como é o caso de uma permanência prolongada na alta montanha, a medula óssea é solicitada; certas partes em repouso, invadidas pela gordura (medula amarela), podem ser reactivadas (poliglobulia de altitude). Esta regulação permite, assim, uma aclimatação ou adaptação temporária dos indivíduos a condições extremas.

Muito antes de se reconhecer o papel respiratório do sangue, sabia-se que uma perda importante de substância, na sequência de ferimentos graves, implicava um enfraquecimento considerável, e mesmo a morte, se o volume perdido ultrapassasse cerca de quarenta por cento do total. Outros factores, com excepção da insuficiência do pigmento fixador de oxigénio, intervêm em caso de hemorragia. Perante tais situações, pensara-se substituir o sangue derramado por um sangue extraído a outro ser. Tal é o sentido dos primeiros ensaios de transfusão desde o século XVII. Mas, quer o doador fosse um animal, quer outro homem, os resultados revelaram-se, na maior parte das vezes, catastróficos, sem que tivessem podido compreender as causas do insucesso. Esta é a razão por que os médicos se contentaram em remediar a perda em volume, portanto em pressão, pelo emprego de substâncias de substituição que possuíam, aproximadamente, as mesmas propriedades físicas que a porção líquida do sangue e não eram tóxicas para o organismo. Diversos tipos de soros artificiais foram ensaiados. O mais simples é uma solução a nove décimos por cento de cloreto de sódio (fracção principal do sal das cozinhas) em água pura. Entretanto, as moléculas de sal têm um tamanho diminuto e, passando livremente através dos capilares, fogem para o espaço intercelular dos tecidos. Este processo remedeia, assim, uma perda de água mas tende a diluir o sangue e a perturbar o equilíbrio da concentração molecular (pressão osmótica) entre o sector circulante e os tecidos. Durante a 1.ª Guerra Mundial utilizou-se uma suspensão de uma goma vegetal cujas grandes moléculas ficavam prisioneiras dos capilares. Este substituto do soro teve de ser abandonado quando se descobriu que a goma era mal aceite pelas células do fígado, esses agentes de controlo da toxicidade aos quais elas regressavam a cada revolução circulatória.

A presença numa mesma lamela de duas gotas de sangue provenientes de dois indivíduos e a sua observação ao microscópio iriam revelar a causa dos acidentes mortais ocorridos após os ensaios de transfusão; na maior parte dos casos, as hematias de uma ou outra, ou das duas gotas, aglutinam-se e desintegram-se libertando a hemoglobina (hemólise). No organismo, esta última chega em massa aos tubos renais que obstrui. Misturando à parte líquida do sangue «receptor» uma única gota de sangue total do sangue «doador», foi possível pôr em evidência a origem das incompatibilidades. O plasma contém uma substância chamada aglutinina e a sua complementar, as hematias chamadas aglutinogénios. Existem vários tipos. Só a aglutinina e o aglutinogénio do mesmo tipo reagem entre si e determinam a aglutinação e hemólise das hematias. Existem quatro combinações principais na espécie humana, que definem os grupos sanguíneos de incompatibilidades: O, para o qual as hematias não têm aglutinogénio, contendo o soro as duas aglutininas; A, para o qual as hematias encerram o aglutinogénio alfa e o soro beta; B, hematias com aglutinogénio beta e o soro a aglutinina alfa; AB, em que os dois agutinogénios estão presentes nas hematias, sendo o soro desprovido de aglutininas. Desde que se conheça o grupo da pessoa cujo estado exige uma transfusão, basta dispor de sangue compatível, isto é, o que não possui nenhum elemento complementar do aglutinogénio das hematias. Pode ver-se que o soro do grupo AB não levanta qualquer problema, assim como as hematias do grupo O; mas, contrariamente à expressão «recebedor universal» (AB) e «dador universal» (O), há inevitavelmente acidente entre o sangue total destes dois grupos. Outros grupos, entre os quais o grupo *rhesus* (gene D), foram sucessivamente encontrados. A descoberta destas incompatibilidades abriu a via ao reconhecimento dos fundamentos da individualidade orgânica, que fazem que toda a célula viva, não tendo a mesma história genética do organismo recebedor, seja imediatamente percebida como «estrangeira» e desencadeia reacções de que trataremos mais adiante.

A segunda categoria de células circulantes é comummente designada por glóbulos brancos ou leucócitos, por oposição às hematias portadoras de pigmento. Na realidade, trata-se de vários tipos celulares que não têm a mesma origem nem as mesmas funções. O exame ao microscópio permitiu, desde há longa data, fazer a distinção no sangue dos vertebrados entre as células cujo citoplasma contém granulações, mostrando-se o núcleo sob a forma de uma série de lobos pegados uns aos outros (os granulócitos), e outras células com um citoplasma de aparência homogénea e núcleo maciço: os leucócitos agranulares. Este primeiro reconhecimento prático no sangue circulante nada nos ensina quanto à proveniência destas linhagens. Encontram-se efectivamente proporções quase fixas entre as diversas categorias definidas pelo tamanho: grandes e pequenos linfócitos, monócitos, e a capacidade de tomar diferentes espécies de corantes (polinucleares basófilos, neutrófilos, eosinófilos). Como para as hematias, a fase de maturação destas células tem lugar fora da corrente sanguínea. No adulto, os granulócitos formam-se na medula óssea a partir de células de origem cuja evolução individual foi possível seguir empregando-se uma marcação radioactiva. A função principal destas células foi rapidamente detectada, na medida em que é directamente visível: são células errantes, capazes de passar entre as células dos capilares sanguíneos (diapedese), e absorvem partículas sólidas, detritos ou microrganismos estranhos (fagocitose). O seu comportamento é notavelmente semelhante ao de certos seres unicelulares, como a amiba. Atraídas em bloco pelo mínimo foco de infecção, tratam de englobar imediatamente os germes patogénicos e, vítimas por vezes das toxinas destes inimigos, formam com os seus cadáveres uma acumulação de pus.

Os leucócitos agranulares são muito mais difíceis de conhecer. Sabia-se (donde o seu nome geral de linfócitos) que eram abundantes nas bolsas dispersas pelo organismo — gânglios linfáticos, baço, timo. O tecido linfóide disperso, que forma as amígdalas, as placas de Peyer do intestino, o apêndice, representa um volume três vezes mais importante que as cadeias ganglionares do pescoço e da virilha, que são as primeiras em que pensamos. O baço, que no embrião fabrica até ao sexto mês os elementos sanguíneos, é seguidamente invadido pelo tecido linfóide. Quanto ao timo, aparece desde o segundo mês da vida embrionária e funciona activamente, pelo menos até à puberdade. Como as amígdalas, em a sua origem numa «recuperação» do material branquial. O conteúdo destes diversos reservatórios entra na circulação linfática e, depois, no sangue. Há alguns anos, descobriu-se que os linfócitos representavam uma categoria original e absolutamente indispensável à manutenção da integridade do organismo. Cada um deles passa pouco tempo no sangue, que para ele não é mais que um meio de chegar a certos postos avançados: mucosa digestiva, mucosa respiratória, camada profunda da pele, onde esperam o intruso, o corpo estranho, não marcado com o selo de identidade própria. No fim da vida, o linfócito reentra «em casa», nos órgãos linfóides, onde é destruído. Mas entretanto passaram-se coisas bastante extraordinárias de cuja existência ninguém suspeitava até há poucos anos e que explicam os fenómenos de imunização duradoura do organismo. Quando um linfócito entra em contacto com uma substância estranha (antigénio), reage pela produção de um anticorpo específico, que tende a neutralizar o efeito nocivo do antigénio. Os anticorpos concentram-se numa das fracções do plasma (imunoglobina). Sabe-se que, muito tempo após o primeiro contacto, quando, segundo toda a verosimilhança, os linfócitos em questão já estão mortos, uma nova introdução do antigénio desencadeia uma resposta imediata do organismo: é a imunidade adquirida.

Onde reside esta memória de um acontecimento antigo? Parece que, além da existência de linfócitos de longa vida estas células são capazes de transmitir os testemunhos químicos da sua «experiência vivida» às células jovens presentes a seu lado no momento da sua desagregação (transducção). Por outro lado, sob o efeito da acumulação das informações antigenéticas, a célula linfocitária pode voltar à infância para um apagamento do poder original do seu código genético. Tornada novamente célula original, dá nascimento por divisões simples (mitose) a uma população (clone) de novos linfócitos herdeiros da sua aquisição imunitária. Alguns deles, conservando-se em reserva até novo contacto com os antigénios, constituem assim verdadeiras memórias. As células da linhagem linfocitária provêm de células originais libertadas no embrião pelo saco vitelino, anexo importante nos vertebrados que se desenvolvem num ovo e sem contributo exterior, mas com um papel meramente transitório nos mamíferos. Após o nascimento, parece que a medula vermelha dos ossos assume essa função. Nas aves, cujo esqueleto é aligeirado pela pneumatização dos ossos, este papel é desempenhado por um órgão especial, uma invenção particular, a bolsa de Fabricius. A maturação das células originais tem lugar, quer nos gânglios, segregando os linfócitos (B) localmente, anticorpos quando entram em contacto com antigénios, quer no timo (linfo T), distribuindo-se estes em seguida por todo o organismo.

Imunidade e individualidade

A imunidade caracteriza-se por dois tipos de acções a que correspondem, respectivamente, as duas espécies de linfócitos. Os anticorpos libertados pelos linfócitos activos (plasmócitos) expandem-se no organismo, veiculados pelo plasma sanguíneo. Mas, pontualmente, as células invadidas por agentes patogénicos constituem pólos de atracção, de sensibilização, que desencadeiam reacções brutais que terminam com a intervenção de elementos fagocitários que as atacam: elas são percebidas como estranhas. Este tipo de imunidade celular faz intervir os linfócitos fabricados no timo. São estes que desencadeiam a agressão contra as células estranhas e as reacções de rejeição aos enxertos. Procura-se actualmente domesticar estes preciosos agressores de células de duas maneiras diferentes. Primeiro, pela acção de um soro que aniquila os linfócitos, são impedidos de atacar um órgão enxertado. Com efeito, se os linfócitos de um indivíduo A forem percebidos como estranhos pelos de um indivíduo B, pode levar-se B a fabricar um soro antilinfático que contenha os anticorpos próprios para neutralizar os linfócitos de A, se lho injectarem. Noutro plano, acalenta-se a esperança de fazer reconhecer as células cancerosas como estranhas pelos linfócitos. Com efeito, a proliferação de tumores resulta da impunidade de que se revestem todas as células de um mesmo organismo, o que é evidentemente uma garantia contra uma rápida autodestruição. Se se conseguir fazer uma célula mudar de identidade, ela é imediatamente atacada.

As reacções alérgicas não são mais do que um aspecto desta propriedade do organismo de reconhecer o que lhe é estranho, o que não é «ele». À primeira vista, no entanto, a alergia aparece como o inverso da imunidade, ou em todo o caso como um obstáculo a esta última, já que os acidentes que a caracterizam se declaram na sequência de um contacto com um antigénio, contra o qual o organismo possui já o anticorpo específico. Trata-se, portanto, de uma hipersensibilidade, de uma reacção antigénio-anticorpo que ultrapassa a trajectória justificada pela necessidade imediata. O organismo será assim vítima da extraordinária precisão com que defende a sua integridade e identidade? Estes mecanismos de defesa aperfeiçoaram-se ao longo da evolução. Os primeiros vertebrados possuiriam já um conjunto de órgãos linfóides? É impossível responder directamente a esta pergunta. Há ainda muito para aprender quanto aos sistemas de defesa do mundo animal e talvez para nosso benefício. Só no ramo dos vertebrados, parece que vários dispositivos foram seleccionados independentemente, ainda que os mecanismos moleculares sejam aparentemente idênticos. É sempre pela produção de fracções particulares do plasma, as imunoglobinas, que se traduzem as reacções de defesa. Estas substâncias, cuja estrutura química é hoje conhecida, caracterizam-se por uma molécula que possui uma extremidade que podemos considerar disponível para variações. A disposição dos constituintes desta molécula em cadeia dupla define três níveis de especificidade. O primeiro caracteriza a espécie zoológica a que pertence o sujeito; o segundo os limites da variabilidade genética de um carácter no seio da espécie (polimorfismo); o terceiro constitui a marca do indivíduo.

Desde há alguns anos que se utilizam os mecanismos da imunidade na investigação das afinidades entre as espécies animais, na esperança de se precisar a história das linhagens (filogénese) e de se chegar, assim, a uma classificação do mundo vivo mais conforme com a realidade da evolução. Partindo do postulado fornecido pela biologia molecular, a saber, que a diferença genética é uma questão de disposição dos ácidos aminados numa longa cadeia, pode utilizar-se a propriedade antigénica das proteínas específicas. Como vimos acima, se se injectar a um recebedor A (geralmente o coelho) uma proteína de uma espécie B, o recebedor vai fabricar um anticorpo que confere ao seu soro a capacidade de precipitar a proteína. O anticorpo reconhece a proteína em consequência de uma semelhança da configuração molecular; a sua eficácia é função desse reconhecimento. Possuímos, assim, um utensílio para identificar a proteína B e, portanto, a espécie B. Basta então pôr em presença, simultaneamente, num meio difusor, duas proteínas pertencentes cada uma a sua espécie e um soro imunizado previamente contra uma delas (dita homóloga do soro). A comparação da intensidade da reacção antigénio-anticorpo nos dois pares presentes dá uma estimativa do grau de proximidade genética entre as duas espécies. Na prática, é a medida da frente de precipitação que serve de critério. Simples no princípio, estes métodos necessitam, apesar de tudo, de um tratamento matemático complexo para normalizar a equivalência das medidas efectuadas no decurso de testes sucessivos, estendendo-se a comparação a várias espécies. Um trabalho deste tipo foi recentemente efectuado sobre os primatas. Revelou que a diferença (distância antigénica) entre a espécie humana e os grandes símios africanos, chimpanzé e gorila, era muito escassa. Este resultado põe em evidência que o nível molecular não pode revelar com exactidão diferenças globais manifestadas na morfologia e comportamento destas espécies. Nada nos ensina, com efeito, nem quanto às interacções orgânicas no decurso da construção de cada indivíduo destas espécies, nem quanto às capacidades de interacção entre o organismo e o seu meio. Tem, pelo contrário, o mérito de verificar a hipótese de um parentesco mais estreito entre estes primatas do que com qualquer outra espécie e daí a probabilidade de um antepassado comum mais imediato.

A reparação das fugas

Para as necessidades das suas diversas funções — nutritiva, respiratória, térmica e de defesa — o sangue é distribuído por todos os pontos do organismo até ao nível microscópico, em profundidade, penetrando nos ossos pelos orifícios de nutrição, como na periferia, banhando a derme. O risco permanente de fugas é, portanto, considerável. As contingências da vida quotidiana dos animais expõem-nos constantemente a traumatismos que, em graus diversos, são suficientes para determinar a ruptura da parede dos vasos sanguíneos, principalmente superficiais. O tecido sanguíneo possui um dispositivo de colmatagem das brechas suficiente para preparar, em segurança, o fechamento ulterior das feridas, pela proliferação das células da pele e do tecido conjuntivo. Se o sangue é exposto ao ar, fora do organismo, coagula espontaneamente, aprisionando numa rede de fibrina as diversas categorias de células, hematias e leucócitos, enquanto o soro emerge. O fenómeno banal da formação do coágulo e da paragem da hemorragia ao nível de um golpe dá lugar a uma série de reacções cronologicamente ordenadas, simultaneamente, na sucessão e na duração.

Distinguem-se duas fases principais, e só a segunda, a coagulação propriamente dita, nos é directamente perceptível. É preparada por uma fase chamada de hemostase primária, em que intervém, em primeiro plano, uma categoria particular de células sanguíneas: as plaquetas ou trombócitos. Em número de duzentos mil a quinhentos mil por milímetro cúbico de sangue, são na realidade fragmentos, de um e meio a dois milionésimos de milímetros de diâmetro, de grandes células, os megacariócitos. Lançados na corrente, os resíduos citoplásmicos são destruídos ao fim de oito a dez dias no baço e no fígado. A plaquetas possuem a propriedade particular de aderir às paredes lesadas. Desempenham um papel importante na manutenção da integridade do investimento interno (endotélio), dos vasos sanguíneos de pequenos calibres (capilares), mas é na ocorrência de uma efracção por ferimento que a sua intervenção assume um carácter de necessidade. Levadas pelo fluxo sanguíneo, agregam-se aos bordos de ferida e agarram-se às fibras de colagénio.

Esta primeira barragem é chamada «remendo plaquetário». Estas plaquetas libertam então substâncias que, colocadas em presença do plasma e dos fragmentos do tecido lesado, vão desencadear a impermeabilização da brecha. Depois de se fundirem numa massa viscosa e de as reacções terem conduzido à libertação da trombina, a acção é prosseguida pelo fibrinogénio sanguíneo, que se torna insolúvel ao contacto com a trombina e forma o coágulo. As diferentes fases deste fenómeno e os numerosos factores intervenientes foram objecto de estudo e são explorados clinicamente graças à utilização de produtos que se substituem às substâncias que intervêm naturalmente, ou então que as impedem de actuar, o que é verificável *in vitro*. Por exemplo, o veneno de uma grande víbora indiana, a dabóia ou víbora de Russel, substitui toda a parte inicial da cadeia de reacções da hemostase (donde a acção coagulante deste veneno). É utilizado no teste dito de Stypven: se o tempo de coagulação continua anormalmente longo em presença do veneno, num indivíduo que apresente uma perturbação da coagulação em caso de perda de sangue, isso significa que a anomalia é devida a factores intervenientes no fim da cadeia; se o tempo se torna normal, são os factores substituídos pelo veneno os responsáveis pelas perturbações da coagulação. Ao abrigo do coágulo desenrola-se, simultaneamente, a regeneração dos tecidos lesados e uma luta entre os germes introduzidos na ferida e os agentes de defesa do organismo. Trata-se, evidentemente, de um processo muito antigo, factor importante de sobrevivência.

Em seguida, o coágulo é digerido, graças à intervenção de substâncias produzidas localmente pelos tecidos e pelas bactérias (estreptoquinase pelos estreptococos). Em grande número de animais, o poder de regeneração é considerável. Tende a diminuir à medida que o organismo se torna mais complexo. Assim, os anfíbios podem regenerar um membro, os lagartos a cauda; mas, a partir dos mamíferos, a regeneração em periferia fica limitada ao mínimo necessário para colmatar as brechas. Na verdade, já não se observa verdadeira reconstrução, com a cooperação de vários tecidos diferentes — ossos, músculos, nervo e pele. O homem remedeia o inconveniente com uma eficiência crescente, através da técnica do enxerto.

VI

O SISTEMA NERVOSO E HORMONAL

Atenção! Mais um mito

Certos títulos dos capítulos anteriores precedentes faziam mais apelo às funções do que aos próprios órgãos. Seguindo a mesma tendência, seria grande o embaraço ao tratar-se do conjunto das estruturas nervosas, já que, a menos que caíssemos no erro de perspectiva que denunciaremos adiante, parece difícil definir por uma única função o papel destas estruturas. Há todavia, na base, uma grande unidade de funcionamento, cujas descobertas mais recentes mais não fazem que confirmar os mecanismos moleculares. Tropeçamos assim contra os limites da noção de órgão. No século passado, Blainville propôs que se chamasse ao cérebro um *substratum* e não um órgão, na medida em que aparecia como uma espécie de utensílio para todas as tarefas, um suporte ao serviço de múltiplas funções. Recentemente, falou-se de computador analógico ultracondensado, o que desloca a ênfase para os modos de funcionamento, condução e armazenagem de informações, de triagem, integração e resposta. Mas qual a vantagem? Esquecemos que as estruturas nervosas tanto funcionam na qualidade de patrões como de servos. É necessário abordar o estudo comparado das funções nervosas com a maior prudência e, sobretudo, com um espírito crítico em relação às ideias preconcebidas. Verifica-se que o homem se impõe aos outros animais e que, ao mesmo tempo, é dotado de um desenvolvimento particular dos centros nervosos superiores; isto faz nascer a ideia de que seria oponível aos outros neste campo, havendo tendência para esquecer tudo o resto. Ao mito antigo do coração corresponde o mito recente do cérebro, mais «civilizado» mas não menos enganador. Isso introduz uma deformação da perspectiva do organismo no que respeita às relações internas entre as diferentes partes, tal como na compreensão do funcionamento do sistema nervoso em si mesmo. O sistema nervoso não é o orientador exclusivo da integração das diversas funções que conduz o organismo a comportar-se como um todo.

A unidade celular do sistema

O funcionamento de base do sistema nervoso não passa de um aperfeiçoamento, de uma especialização das propriedades fundamentais de toda a célula, presentes, por consequência, nos seres «simples», os unicelulares, que respondem a toda a estimulação exterior. Esta excitabilidade directa é um factor essencial de sobrevivência, uma vez que permite uma adaptação às variações das condições exteriores. Na origem, os pluricelulares respondem às excitações na zona de contacto com o meio por dois tipos de actividade: contractilidade do corpo celular e motilidade, ou então secreção de substâncias. Este tipo de célula mais primitivo, em que uma única célula é simultaneamente receptora e efectora (segregadora ou contráctil), encontra-se nas esponjas mas já não existe nos vertebrados actuais, com excepção das células da íris que respondem directamente à luz modificando a abertura da pupila. Com efeito, ao longo da evolução, houve interposição de elementos celulares entre a periferia onde se exerce a estimulação e o efector que responde. A cadeia mais simples, o arco reflexo, compreende nos vertebrados, pelo menos, seis unidades celulares. Além disso, dispositivos por vezes complexos, como a retina, especializaram-se na captação de informações até um alto nível de acuidade, antes de as transmitirem ao sistema nervoso sob a forma de mensagens.

A unidade celular deste sistema — o neurónio — traduz na sua organização esta evolução, que tende a atribuir uma importância maior à transmissão das mensagens e à articulação das diversas fontes de informação. Os neurónios provêm da divisão e diferenciação de células derivadas do revestimento do embrião, as células neuroepiteliais que, progressivamente, mostram uma bipolaridade (neuroblasto), e depois a multipolaridade característica do funcionamento nervoso. Chegadas à fase de neuroblastos multipolares, as células deixam de se dividir e não serão substituídas ulteriormente se, por acidente, forem destruídas. Em compensação, vão sofrer um tempo de maturação durante o qual, por uma lado as arborizações (dendritos*) desenvolvidas em volta do corpo celular, e por outro lado o prolongamento ou axónio*, vão estabelecer relações com as células vizinhas por contactos denominados sinapses. Esta maturação tem uma duração muito variável consoante os animais, e mesmo no seio da classe dos mamíferos, em que certos recém-nascidos permanecem no ninho sob a protecção dos pais. É o caso do homem, cuja maturação completa, principalmente a dos neurónios cerebrais, leva vários anos. Este período de prematuração, de relativa ineficácia do funcionamento nervoso, começa por ser possível dado o automatismo das grandes funções. Lembremos que a própria contractilidade muscular é espontânea no embrião de numerosos vertebrados antes de as terminações nervosas terem atingido os músculos. Mas, evidentemente, estes automatismos não poderiam assegurar a sobrevivência se o ambiente não fosse cuidadosamente protegido pelo meio do ovo e, depois, por intervenção parental. De um ponto de vista evolutivo, considera-se que estes cuidados constituem um investimento no futuro, na medida em que uma maturação mais prolongada deveria permitir uma maior eficácia do «produto acabado», simultaneamente pela complexidade crescente das relações entre neurónios, geneticamente determinada, e pela existência de uma fase de aprendizagem em que os circuitos se activam à medida que se constituem.

Convém saber, na verdade, que se os neurónios se diferenciam segundo um processo interno, programado geneticamente, a falta de funcionamento conduz à degenerescência. Em compensação, um neurónio em funcionamento é capaz de regenerar as partes condutoras periféricas e suas arborizações. Um traumatismo que provoque a secção de um nervo implica, num primeiro tempo, a degenerescência das porções periféricas das fibras que constituem o nervo; a bainha isolante de cor branca (mielina) fragmenta-se. (Foi aliás esta particularidade que permitiu, durante muito tempo, acompanhar experimentalmente o trajecto dos feixes de fibras, antes do aperfeiçoamento de marcações mais fisiológicas.) Depois, o coto central, o que manteve a continuidade com o corpo celular e o seu centro director, o núcleo, desenvolve-se e reocupa, pouco a pouco, o lugar da porção degenerada que serve de guia neste novo crescimento. Para facilitar a restituição da função motriz, como da sensibilidade, e evitar erros de percurso do coto central, é necessário, por vezes, suturar os dois troços do nervo.

O neurónio vulgar (existem neurónios especializados) é uma célula bastante grande, de corpo estrelado pelos prolongamentos do citoplasma (dentritos), munido de um eixo condutor (axónio), cujo comprimento pode ser considerável à sua escala (da ordem de vários centímetros) e geralmente apresenta ramos colaterais. Na extremidade, o axónio divide-se em arborizações terminais. Na realidade, os neurónios não representam mais de dez por cento das células do tecido nervoso. As células neuroepiteliais dão nascença, efectivamente, à maioria das células de manutenção e nutrição (neuróglia). O sistema nervoso representa, assim, um conjunto que dispõe da sua própria intendência, não estando os neurónios em contacto directo com o sangue. Nos vertebrados, possui a sua própria rede de irrigação sanguínea, cujas células nutritivas extraem as substâncias necessárias, de que é grande consumidor. Por exemplo, o cérebro humano, que não ultrapassa dois por cento do peso do corpo açambarca vinte por cento do oxigénio fornecido ao organismo.

Os neurónios colocados na vizinhança da periferia do sistema situam-se quer na via receptora de informações exteriores (receptores), quer na via da resposta (efectores). Os circuitos são fechados por interneurões dispostos nas partes centrais do sistema. Mas, qualquer que seja a sua situação, revelam todos uma polaridade funcional sobre a qual é tempo de dar algumas explicações.

Biliões de fábricas electroquímicas

Se já era sabido, após as famosas experiências de Galvani com as rãs, que a actividade nervosa e muscular era acompanhada de fenómenos eléctricos, só no decurso deste século foi possível desmontar os mecanismos físico-químicos geradores destas manifestações eléctricas. Como todas as células, os neurónios mostram, em repouso, uma diferença de potencial em relação ao líquido que os banha. Com efeito, a composição em substâncias carregadas electricamente (iões) não é a mesma dentro e fora da célula e muito especialmente quanto ao potássio e ao sódio, ambos carregados positivamente. O potássio *(K)* é cerca de trinta vezes mais abundante na célula do que no líquido extracelular, e o sódio *(Na)* dez vezes menos concentrado na célula do que no exterior. Além disso, o potássio é mais móvel — cerca de cinquenta vezes — que o sódio quando da passagem através da membrana celular. Nestas condições, em que se verificam diferenças de concentração entre os dois sectores e diferença de permeabilidade da membrana que os separa, o potássio tende a transferir-se para fora da célula, e esta fuga de iões positivos torna o interior electronegativo. Atinge-se um limite de equilíbrio pela intervenção de uma força contrária: os iões de potássio electropositivos, atraídos pelo sector extracelular menos concentrado, são-no electricamente em sentido inverso, uma vez que a sua fuga faz da célula um pólo negativo. O potencial de equilíbrio é inferior a cerca de setenta milivóltios. Num sistema puramente físico, poderia esperar-se uma igualização das concentrações e, portanto, um desaparecimento das diferenças de potencial. Mas os sistemas vivos dispõem das suas fontes energéticas fornecidas pelo exterior para manter a diferença entre o potássio e o sódio. Este último é activamente repelido por aquilo a que chamamos a «bomba» iónica, que troca um por um os iões de sódio e potássio. Apesar do movimento incessante dos iões, a diferença mantém-se e determina o potencial de repouso da membrana.

Ora certas células, os neurónios e as fibras musculares, adquiriram a capacidade de modificar um dos factores de manutenção deste equilíbrio: a permeabilidade da membrana. Esta descoberta foi recompensada com o prémio Nobel, em 1963. Quando da sua actividade específica, as células tornam-se extraordinariamente permeáveis aos iões de sódio. A entrada maciça desta substância electropositiva não é compensada pela fuga de potássio. A célula troca, então, de polaridade e mostra um potencial positivo em relação ao exterior. Despolarizou-se. Mas isso tem uma duração muito breve (um milésimo de segundo) e corresponde ao potencial de acção registado com o auxílio de microeléctrodos. Este sinal inicial propaga-se, em seguida, por uma espécie de contaminação eléctrica: a despolarização num ponto da membrana cria uma perturbação da mesma ordem que a estimulação inicial. Não há perda nem desgaste do sinal que se afasta rapidamente da fonte. A velocidade de condução varia consoante os animais e no interior de um mesmo organismo. Cresce com o diâmetro da fibra. Certos invertebrados possuem fibras gigantes; foram eles, aliás, que permitiram compreender experimentalmente os mecanismos do influxo. As fibras grossas permitem que a mensagem chegue rapidamente a um órgão efector, a maior parte das vezes um conjunto motor utilizado em reacções vivas, como a fuga.

Mas, nos vertebrados, existe um outro dispositivo que assegura também uma maior velocidade de propagação do sinal: a maior parte das fibras nervosas é revestida por um invólucro de mielina, substância rica em lípidos, portanto, isolante, análoga à bainha dos nossos cabos eléctricos. Esta bainha é interrompida regularmente por estrangulamentos chamados nós de Ranvier. O potencial de acção propaga-se de um nó a outro, por saltos progressivos que garantem uma velocidade que chega a atingir os cento e vinte metros por segundo. Todas as estruturas nervosas que intervêm nas relações humanas e que são necessárias a uma adaptação imediata às condições exteriores são mielinizadas. Ao contrário, as fibras que, como as do sistema simpático, enviam os seus sinais aos órgãos da vida vegetativa e cujas reacções podem ser retardadas sem perigo, são desprovidas de bainhas de mielina. Evidentemente, um sinal isolado, sempre da mesma amplitude uma vez que só depende da propriedade electroquímica inerente à membrana, não é portador de nenhuma informação precisa. Ao nível dos receptores periféricos efectua-se, então, uma tradução da estimulação, mais ou menos intensa, em frequência de potenciais de acção, segundo um código cuja interpretação se realiza nos centros. Entretanto, o comboio de sinais chega ao pólo terminal do neurónio, as arborizações do axónio. É a este nível que o sistema nervoso perde a sua analogia com um circuito eléctrico, analogia que, durante muito tempo, serviu para explicar o seu funcionamento. Esta concepção «eléctrica» era incapaz de resolver os problemas levantados pelos efeitos, por vezes opostos, de um mesmo influxo aferente e muito especialmente não esclarecia minimamente certos aspectos do comportamento que os centros nervosos accionavam. O estudo da articulação entre neurónios permitiu revelar a intervenção de uma função secretora do tecido nervoso.

Convém recordar que a noção de mediador químico na transmissão do sinal começou por se originar nos trabalhos efectuados, em 1921, sobre a regulação do ritmo cardíaco. As contracções do coração são regidas por um automatismo do tecido muscular peculiar a este órgão. As modificações do ritmo de actividade que necessitam de acomodações às condições externas estão sob a dependência de ramos nervosos, saídos, um do pneumogástrico (décimo nervo craniano), para o afrouxamento, o outro do sistema simpático cervical e dorsal, para a aceleração. Ora, o coração isolado de uma rã reage como um coração no seu lugar próprio ao qual se excita uma ou outra via de enervação se se estabelece uma corrente líquida entre os dois órgãos. As substâncias químicas responsáveis pela transmissão da mensagem nervosa inicial de um órgão para outro são a acetilcolina, para a moderação, e a noradrenalina para a aceleração. Estes dois mediadores intervêm em todas as comunicações entre neurónio e efectores. Distinguem-se, portanto, as fibras nervosas, segundo o tipo de secreção produzida na sua extremidade, em fibras colinérgicas e fibras adrenérgicas. O estudo da extremidade ou botão sináptico em microscopia electrónica, bem como da estrutura química dos mediadores, sua formação, degradação e corpos que podem bloquear a sua acção, permite descobrir que os mediadores se acumulam primeiro nas vesículas do interior do botão sináptico. Quando um potencial de acção chega a esta região terminal, estas vesículas libertam o seu conteúdo para o exterior do botão no espaço sináptico que separa a célula pré-sináptica da célula pós--sináptica. O mediador tem o poder de modificar a permeabilidade iónica da membrana pós-sináptica e de desencadear, assim um novo potencial de acção. Certas sinapses são, pelo contrário, inibidoras: a acção do mediador tende, então, a elevar a barra da excitabilidade da membrana pós-sináptica, tornando-a mais electronegativa (hiperpolarização). O resultado é uma neutralização.

Existem outros mediadores químicos e a sua lista não está encerrada. Alguns são próprios de certas regiões do sistema nervoso (serotonina, dopamina, etc.). Há alguns anos, numerosos estudos sobre a química do sistema nervoso, e sobretudo dos centros superiores, revelaram a importância de um arsenal de substâncias segregadas pelos neurónios nas funções mais especializadas, como as que intervêm no comportamento. Daí provém uma das descobertas fundamentais da neurobiologia, que permitiu ultrapassar a concepção eléctrica dos circuitos, substituindo os neurónios pela categoria das células secretoras; a riqueza das modulações permitidas pela intervenção de substâncias químicas variáveis em quantidade e em qualidade permite apreender melhor a complexidade do funcionamento nervoso e atenua a diferença de natureza que se julgara dever introduzir, no plano fisiológico, entre a acção nervosa e a acção hormonal.

As grandes massas do sistema e a sua evolução

No plano anatómico, o sistema nervoso central revela uma notável unidade de construção em todos os vertebrados. Constitui-se a partir de um sulco dorsal do revestimento embrionário, o epiblasto, que se aprofunda e progressivamente se encerra num tubo, pela aproximação dos seus bordos ou cristas naturais. No homem, este processo prepara-se no curso da terceira semana de desenvolvimento. Quando do fechamento deste tubo neural, reconhecem-se já duas partes fundamentais: uma parte anterior um pouco dilatada que vai converter-se no cérebro e uma parte cilíndrica, a futura medula espinal. Um grupo de células isola-se na vizinhança de cada bordo do sulco no momento da formação do tubo, constituindo ulteriormente os gânglios espinais sensitivos, mas também elementos do esqueleto da região «branquial», cuja importância conhecemos, e as células pigmentares da pele (cf. capítulo I); finalmente, os neurónios do sistema simpático, sistema sem relação directa com o mundo exterior. Para todos os vertebrados, a sequência das transformações ulteriores é idêntica.

A porção dilatada do tubo subdivide-se por estrangulamentos em três vesículas: cérebro anterior (prosencéfalo*), cérebro médio (mesencéfalo*) e cérebro posterior (rombencéfalo*), e recurva-se em direcção ventral ao nível médio. Seguidamente, uma divisão do prosencéfalo em telencéfalo* e diencéfalo*, e do rombencéfalo em metencéfalo* e mielencéfalo* conduz a um estádio de cinco vesículas. As diferenças entre os grandes grupos, peixes, anfíbios, répteis, aves, mamíferos, são assinaladas sobretudo pelo desenvolvimento relativo destas cinco partes iniciais. Estas são percorridas por uma cavidade cheia do líquido céfalo-raquidiano cuja pressão interna mantém uma certa estabilidade. O conjunto é finalmente encerrado em peças do esqueleto, o crânio cerebral e a coluna vertebral. Estas diferenças de proporção entre as diversas partes do cérebro traduzem-se, à primeira vista, por uma preponderância crescente da primeira vesícula ou telencéfalo, sobretudo da sua porção dorsal, quando se passa dos peixes para os vertebrados de vida terrestre; entre estes últimos, os mamíferos distinguem-se pelo grande desenvolvimento de hemisférios cerebrais, córtex do telencéfalo. Esta progressão no domínio de uma parte, que não tardou a ser reconhecida como a mais «nobre» do cérebro pelas suas funções, concorda com a imagem de uma sucessão de estádios evolutivos, tal como nos é dada pela cronologia dos restos das faunas desaparecidas: os mamíferos são os últimos a fazer a sua aparição, e entre eles o homem é o último rebento.

Eis por que foi muitas vezes considerada a «telencefalização» como critério principal do grau de evolução, o que parece globalmente conforme à realidade mas, ao mesmo tempo, exalta um antropocentrismo que dificulta a compreensão de toda a complexidade da evolução biológica. Assim, cada um dos estádios considerados só constituiria uma «fase» numa perspectiva linear que terminaria obrigatoriamente no homem. Esta perspectiva faz esquecer que na natureza, na época contemporânea como no passado, estes peixes, estes répteis extremamente diversificados nas adaptações que asseguram as suas probabilidades de sobrevivência, revelam organizações nervosas cuja eficácia é, muitas vezes, dificilmente comparável. Enquanto a neuroanatomia não dispunha de técnicas de abordagens próprias para pôr em evidência os trajectos estáticos, os que são detectáveis no cadáver, dificilmente podia

ENCÉFALO

NO EMBRIÃO

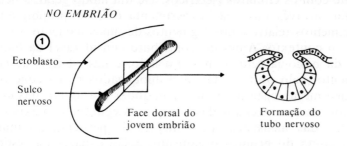

##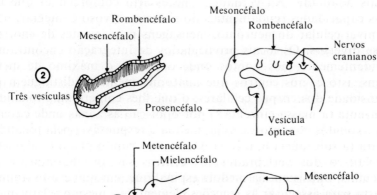

NO ADULTO

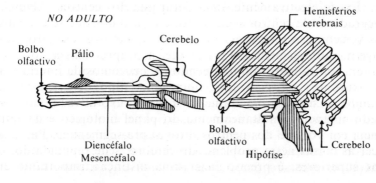

formular as suas hipóteses em termos de eficácia biológica real sem fazer extrapolações com base em analogias — analogias principalmente com os circuitos eléctricos. De um modo geral, a neurofisiologia, através das suas experimentações, só proporcionava esclarecimentos relativos aos segmentos de funcionamento isolados de todo o contexto. Antes do contributo considerável da bioquímica e da biologia celular, por um lado, e das ciências de comportamento, pelo outro, estávamos bloqueados numa concepção um pouco mecanicista da montagem, andar por andar, das estruturas nobres, assim chamadas porque asseguram o máximo de integração das mensagens provenientes da periferia, do mundo exterior como do próprio organismo, e são capazes da resposta mais adaptada. Na verdade, é necessário compreender que uma das capacidades fundamentais do sistema nervoso é integrar, desde o nível celular do neurónio, mensagens provenientes de «horizontes» diversos. Os locais privilegiados de integração encontram-se, evidentemente, nos pontos onde converge o máximo de mensagens, isto é, nos centros que anatomicamente se distinguem pela densidade dos corpos celulares, o que lhes confere uma tonalidade cinzenta (a massa cinzenta*) por oposição às zonas onde circulam os axónidos condutores, cuja mielina é responsável pela tonalidade clara (a substância branca*). De acordo com o plano fundamental repetitivo dos vertebrados, os centros são originariamente segmentais. Subsistem na medula espinal que, em numerosos animais, basta para assegurar as reacções elementares, mesmo relativamente coordenadas, como é o caso dos movimentos locomotores. O canário sem cabeça que dá ainda alguns passos não é um mito. Da mesma maneira, uma cabeça isolada de lagarto efectua, durante alguns instantes, movimentos de maxilares. Mas toda a gente sabe que até uma serpente perigosa pela sua mordedura é incapaz de adaptar os movimentos em seu proveito se, com um golpe de sabre, lhe separarmos a cabeça do corpo.

Existe efectivamente uma hierarquia dos centros. Alguns são integradores de centros segmentais; é o caso dos que se encontram, nos vertebrados terrestres, ao nível dos membros, eles próprios de origem plurissegmental. Finalmente, a própria massa do cérebro contém um número muito elevado de neurónios de interligação e de neurónios especializados num único tipo de resposta. Ora, quando se segue grosseiramente a escala evolutiva, nota-se uma predominância simultaneamente do papel biológico e da importância em volume dos centros ditos supra-segmentais. Para esclarecer as coisas neste problema do cérebro, sede reputada dos centros superiores, é preciso fazer uma distinção importante entre estruturas encefálicas comuns aos vertebrados e uma organização destas estruturas apenas peculiares a alguns, em particular aos mamíferos. Com efeito, o cérebro não é, a princípio, senão a parte anterior do eixo nervoso, correspondendo portanto ao território cefálico, cuja natureza primitivamente segmental é perceptível até no homem, apesar das transformações consideráveis que acompanharam a saída das águas e, mais tarde, a passagem ao estado mamífero. Além disso, os sistemas sensoriais concentrados ao nível da cabeça não se alteraram fundamentalmente: sensibilidade às substâncias químicas (olfacção), sensibilidade à radiação luminosa (vista), sensibilidade às vibrações (audição).

É portanto bastante fácil, em teoria, homologar as diversas partes do cérebro onde terminam as fibras sensoriais e aquelas de onde partem as fibras motoras que atingem os diversos conjuntos motores da face, da cavidade bucal e da laringe. Os dez primeiros pares de nervos cranianos, pelo menos, têm assim centros segmentais homólogos nos vertebrados e pode portanto fazer-se uma espécie de cartografia comparada. Tentou-se chegar ao mesmo resultado para os centros que se desenvolvem no território das vesículas anteriores, principalmente do telencéfalo. Foi assim que surgiu a necessidade de distinguir uma porção facilmente homologável para o conjunto dos vertebrados, a que se acha ligada às funções de olfacção e de gustação (o bolbo olfactivo), e um conjunto que compreende uma base ou corpo estriado* e uma cobertura dorsal (o manto ou pálio*). Ora esta segunda porção sofre uma evolução diferente consoante os grupos. Nos peixes em sentido lato, isto é, nos vertebrados que se diversificaram no meio aquático de origem, o pálio continua agregado aos centros basais dos corpos estriados. Nos tetrápodes, que tentaram a aventura da saída das águas, o pálio desenvolve-se em superfície, constituindo o córtex cinzento dos dois «hemisférios» cerebrais, cada um deles dilatado por uma cavidade que isola parcialmente os centros da base. O pálio, que aparece inicialmente ligado à função olfactiva, estende posteriormente o seu controlo a outras funções sensoriais e, mais tarde, à motricidade, com o aparecimento de neurónios especializados, as células piramidais. É o estádio atingido nos mamíferos em que, por consequência, todas as funções sensoriais e motrizes possuem uma ligação ao nível mais elevado do córtex cerebral. Estes centros estão ligados às estruturas subjacentes por feixes de fibras (substância branca) tanto mais volumosos quanto maior o número de células piramidais no córtex cinzento. Estes feixes passam pelo meio destes corpos estriados, que cindem em duas partes. Outros feixes ligam o córtex às ligações do diencéfalo, um «velho» centro (tálamo ou camadas ópticas) que se encontra subordenado e reorganizado. Desempenha primitivamente um papel importante nos reflexos de defesa e, de maneira geral, nas relações com o exterior, coligindo as mensagens periféricas que são, em seguida, transmitidas aos corpos estriados. O esquema evolutivo global pode resumir-se a uma sobreposição de três estádios, ao longo do tempo. O estádio dos centros mesencefálicos e cerebelo (arqueo-encéfalo), o estádio tálamo-corpos estriados (paleo--encéfalo) e o estádio cortical (neo-encéfalo). Este último aparece como uma novidade, uma invenção da evolução acompanhada pelo aparecimento de estruturas novas (principalmente seis camadas de células sobrepostas), e não só pela reutilização de um material preexistente, donde a dificuldade de homologar as partes segundo os grupos de vertebrados. A dificulddae do problema cresce com a imposssibilidade de fazer coincidir exactamente o nível de complexidade com os estádios evolutivos quase julga ter podido descobrir nos vertebrados, estabelecendo uma série, peixes — — anfíbios — répteis — aves e ou mamíferos. Quanto mais se avançou no estudo comparado do cérebro de um grande número de tetrápodes actuais, mais se verificou que dispositivos «evoluídos» (porque inicialmente descritos nos mamíferos) podiam estar presentes em certos répteis e até tubarões. Punha-se assim em evidência o limite, por um lado, de uma concepção demasiadamente linear da evolução, por outro, da abordagem puramente estrutural do sistema nervoso.

Uma vez mais, convém sublinhar que os animais actuais são todos o resultado da sua história própria, mais do que da história geral do vasto conjunto dos vertebrados. Ora, não só ignoraremos sempre a totalidade das vicissitudes atravessadas pela sucessão antepassados-descendentes (linhagem filogenética*) de uma espécie actual, como não pudemos, até uma época recente, conhecer a função biológica desta ou daquela estrutura do encéfalo num animal contemporâneo. Enormes progressos foram realizados nestes últimos anos nestes dois planos, em paleontologia e neurobiologia; é necessário confrontá-los constantemente, destruindo as barreiras académicas, pois trata-se de disciplinas muito diferentes pelo método e objectivos a curto prazo, isto é, ao nível dos resultados e não da interpretação (o longo prazo, único factor do progresso do conhecimento). Com efeito, a utilização conjunta, em neuroanatomia, de técnicas bioquímicas e electrofisiológicas, que permitem visualizar os trajectos realmente revestidos pelo decurso do funcionamento, dá-nos a esperança de abandonar o domínio das aproximações e do raciocínio analógico. Colocando os animais em condições experimentais, é possível, a partir de agora, localizar, pelo menos, fragmentos dos sectores activados quando de uma função estritamente delimitada e, sobretudo, fundar a comparação entre animais diferentes que não possuam exactamene o mesmo tipo de relacionamento com o meio ambiente. O estudo de animais selvagens, de ecologia e etologia bem conhecidas, e não só de animais de laboratório, deveria diminuir a margem de erro que necessariamente se produz quando se extrapola para a espécie humana. Podemos esperar estabelecer, assim, tabelas de correlação entre tipos de estrutura e a sua função biológica em circunstâncias precisas da relação organismo-meio.

Quanto ao plano do funcionamento elementar da chegada das mensagens sensoriais e da partida das ordens motoras no córtex cerebral, há muito que se chegou a uma cartografia bastante precisa, primeiro pela observação clínica do efeito de traumatismos acidentais, depois pelo registo dos potenciais eléctricos. As áreas sensoriais e as áreas motrizes directamente solicitadas representam, todavia, apenas uma fracção mínima da superfície considerável do nosso córtex cerebral espantosamente pregueado. A maior parte das outras relações, verdadeiras responsáveis pelo nosso comportamento, escapa-nos ainda, tanto as que não chegam normalmente à nossa consciência como as que determinam o mais alto nível de consciência. Ora, contrariamente à opinião durante tanto tempo prevalecente, os biliões de neurónios corticais não constituem a «sede» das funções superiores, consideradas inicialmente como especificamente humanas. Os núcleos cinzentos centrais, por exemplo, etiquetados segundo o esquema evolutivo clássico como velhas estruturas, intervêm de facto em funções outrora designadas com o termo «sentimentos», tais como a valoração «agradável» ou «desagradável» de uma mensagem sensorial, a atracção ou a repulsa em relação a um elemento exterior. Todos os esforços para localizar com precisão, no encéfalo, estruturas que servem de suporte a manifestações superiores da consciência humana revelaram-se, ao fim e ao cabo, inúteis. Isso não quer dizer que o córtex cerebral não esteja implicado nestas manifestações. Pelo contrário, foi a observação clínica das deficiências sobrevindas às lesões do córtex cinzento que primeiro nos levou a conceber uma sede única das diversas funções. Mas, implicitamente, perdia-se de vista que o cérebro funciona como um todo e, o que é difícil de compreender, que o aspecto relacional entre as partes constitui o fundamento do funcionamento.

Para voltar ao nosso esquema evolutivo, pode agora dizer-se que os estádios superiores vieram refinar as mensagens elementares, conferir às respostas maior precisão, modificá-las pelo jogo das inibições. Acima de tudo, porém, é lógico suspeitar que o estraordinário crescimento das possibilidades de conexão entre os diferentes estádios, e a modulação introduzida pela secreção de mediadores especializados, abriram caminho a uma parte na apreciação e ponderação das mensagens iniciais, e também a uma certa «gratuitidade» de funcionamento fora das solicitações imediatas.

Alguns exemplos do funcionamento cerebral

O que aprendemos do funcionamento cerebral do homem e de alguns animais permite fazer uma ideia das relações complexas e hierarquizadas destas diversas partes. Estudaram-se, sobretudo, as manifestações emocionais e as do sono e do sonho. O homem passa cerca de um terço da vida a dormir. Ora este estado em que, de algum modo, nos encontramos isolados do Mundo, não é um estado passivo no plano cerebral. O registo dos potenciais de acção descarregados pelas células do córtex (electroencefalograma) informa-nos da importância da actividade no estado de vigília e de sono. Num indivíduo acordado mas em repouso, a observação das células mostra que elas são a sede de manifestações eléctricas segundo um ritmo chamado alfa, com uma frequência de oito a treze vibrações por segundo. Este ritmo aparece na idade de quatro meses e fixa-se sob uma forma individual por altura dos dez anos. A menor perturbação proveniente do exterior ou a vontade de agir ou de concentrar a atenção provoca uma modificação do traçado, que se torna mais rápido e mais amplo. Durante o sono, foram registados três traçados diferentes. Numa primeira fase de sonolência ou adormecimento, o ritmo alfa é substituído por um traçado irregular de fraca amplitude; depois, as ondas vão diminuindo de frequência e aumentando de amplitude: é o sono lento que ocupa cerca de oitenta por cento a noventa por cento da duração de uma noite. Durante este período, o indivíduo adormecido não tem atitude particular; se for acordado, o que é fácil, declara não ter sonhado. Em contrapartida, um terceiro traçado aparece e ocupa cerca de dez por cento a vinte por cento do tempo de sono: as ondas retomam a envergadura do ritmo alfa, como no estado de vigília em repouso, de onde o nome de sono paradoxal. A atitude do indivíduo adormecido é, então, muito característica. O tónus muscular baixa, os braços e as pernas tornam-se flácidos, mostrando apenas contracções brutais, os olhos rolam atrás das pálpebras. O indivíduo que for acordado dirá que o despertaram de uma fase de sonho.

Assim, graças ao registo das ondas cerebrais, possuímos um meio seguro de controlar a existência de uma fase de actividade nula, correspondendo à elaboração dos fantasmas do sonho. Ora o sono paradoxal só existe nos verebrados homotérmicos. De início é muito importante a sua duração no feto e no recém-nascido que não deixam o ninho (nidícola*), e continua a sê-lo nas espécies que não têm muitos inimigos, em particular os carnívoros e os animais domésticos e, de um modo geral, todos os animais que não têm de esperar muito tempo para encontrar as suas fontes alimentares. Pelo contrário, é restrito naqueles que se acham constantemente ameaçados ou que têm de procurar incessantemente um alimento de fraco poder energético, como os herbívoros e os roedores. Continuamos reduzidos a só formular meras hipóteses sobre o papel biológico do sonho. Não se trata de um repouso, uma vez que os neurónios parecem dotados de grande velocidade de recuperação, mas isso dever-se-ia antes a uma reactivação do circuito. A sua importância no feto e no recém-nascido corresponderia a uma espécie de repetição de sequências de acções inatas. Reencontramos, assim, a necessidade imperativa, para o sistema nervoso, de funcionar sem descanso para dar o melhor das suas possibilidades, implicação permanente indispensável cuja falta ocasiona a degeneração.

Como contrapartida deste papel reactivador, o sono paradoxal característico dos vertebrados superiores representa um perigo considerável. Com efeito, há uma inteira desconexão do mundo exterior graças a uma inibição total das vias motrizes. O animal encontra-se vulnerável. A actividade dos neurónios certicais não tem qualquer influência sobre o comportamento externo: trata-se de um trabalho verdadeiramente vão. O emprego de certas substâncias químicas permite interromper experimentalmente esta inibição nos animais de laboratório, que «mimam» então o seu sonho. Assim, o gato vai entregar-se a uma caçada imaginária. Por meio da cirurgia e da utilização de diversas drogas, foi possível demonstrar os mecanismos que presidem a esta alternância vigília-sono, a princípio descoberta apenas ao nível do córtex cinzento. Os centros iniciadores deste fenómeno estão situados numa zona do tronco cerebral chamada formação reticulada, compreendida entre os feixes de fibras que ligam, nos dois sentidos, o cérebro à medula espinal. Esta formação está relacionada com todas as zonas do sistema nervoso; é uma encruzilhada que intervém nas principais funções vegetativas como a circulação e a respiração, mas o seu papel é também excitar permanentemente os neurónios cerebrais. No retorno é estimulada pela actividade do córtex. Daí decorre este estado de função biológica evidente, a vigilância, e muito especialmente a reacção a um elemento insólito do ambiente, ou então a um estímulo seleccionado pelo seu interesse para a vida do animal.

O equilíbrio entre o estado de vigília e o sono é devido a um mediador químico, a serotonina, produzida por dois centros. Quando atinge um certo limiar de concentração, a serotonina inibe o centro activador de vigilância produtor de noradrenalina e facilita um outro, responsável pelo sono paradoxal, por bloqueio dos neurónios motores da medula (mas não daqueles que comandam os músculos dos globos oculares): os músculos dos membros perdem o tónus, os olhos rolam sob as pálpebras, os neurónios do córtex ficam entregues a si mesmos. Parece que o centro do sono paradoxal estimula também a bombagem no espaço extracelular da serotonina pelas terminações nervosas. Assim, a concentração do mediador diminui em seguida até um limite abaixo do qual já não é capaz de inibir o centro da vigilância: o indivíduo passa a uma fase de sono lento ou acorda. O sono paradoxal, e portanto o sonho, são provavelmente indispensáveis. Assim é que, se se for privado artificialmente desta fase durante muito tempo, vai-se em seguida «saldar» esta dívida por um aumento da duração relativa durante os períodos de sono. Fica, entretanto, por esclarecer o fenómeno da entrada em acção dos neurónios produtores de serotonina, por conseguinte, do adormecimento. Trata-se, sem dúvida, do afrouxamento do ritmo das mensagens de todas as espécies que chegam à formação reticulada desde a periferia e do córtex cinzento, o que o bom senso aceita facilmente e pôs em prática desde há muito: o isolamento, a monotonia e a tranquilidade de espírito predispõem ao sono.

O estudo dos centros cerebrais que intervêm nos diferentes aspectos do comportamento, procura da água, do alimento ou do parceiro sexual, levantou mais problemas que resolveu; em todo o caso, levou a abandonar esquemas simplistas elaborados a partir da simples observação fenomenológica. Neste domínio, havia-se procedido, por vezes, generalizações perigosas, passando alegremente do estádio animal ao nível humano, sendo já tão difícil comparar entre si animais que não têm a mesma história nem o mesmo «estatuto» ecológico (quer dizer, o conjunto de relações tecidas por um animal em acção na fracção do ambiente em que evolui).

Aos aspectos fundamentais do comportamento associa-se uma região ventral do diencéfalo, o hipotálamo*, situado topograficamente quase no centro da cabeça do homem. As suas relações estreitas com a glândula hipófise, qualificada por vezes como cérebro endócrino, fazem desta região a encruzilhada principal para o comando e harmonização da maioria das funções essenciais. Ao hipotálamo vão parar mensagens sobre as variações da composição química do meio interior, taxa de glucose sanguínea, concentração de sais, nível de actividade das glândulas sexuais e também mensagens provenientes do mundo exterior, com um significado de repulsão ou, pelo contrário, de atracção, em relação à espécie considerada. Julgou-se ter encontrado um «centro do comportamento», sempre sob a influência da ideia de que a cada porção do cérebro, tal como para os outros órgãos, devia corresponder uma função completa. Na realidade, o hipotálamo revelou que não passava de um elo, decerto importante, de uma cadeia mais complexa. Por um lado, está sob a dependência de influências cujo funcionamento é modulado por centros activadores da formação reticulada que integram o conjunto das mensagens periféricas, e centros de «confrontação» com as experiências adquiridas, situadas na parte «arcaica» do córtex cerebral, o sistema límbico; por outro lado, os comportamentos elementares cuja incitação ele assegura, não parecem específicos, podendo um mesmo ponto do centro produzir comportamentos diferentes consoante a composição do meio. Ao hipotálamo resta, então, o determinismo de duas atitudes opostas: atracção ou repulsão «em si». É o que provam as experiências de auto-estimulação. Uma ratazana em que seja implantado um eléctrodo de estimulação numa certa região do hipotálamo dita «de recompensa» aprende rapidamente a usar e abusar de uma alavanca que estabelece a corrente de estimulação. Mesmo com fome, ela negligenciará o alimento em proveito da estimulação. Inversamente, se o eléctrodo for implantado num centro dito de «punição», ela aprenderá a desencadear a interrupção da corrente. As relações múltiplas desta região com as zonas corticais do sistema límbico, e o seu papel no controlo do ritmo cardíaco e da actividade das glândulas sudoríparas, explicam o cortejo comportamental que acompanha a emoção. Quanto ao aspecto subjectivo (os sentimentos ligados à emoção ou que a desencadeiam), é provavelmente permitido pelas ligações entre estes estádios limbo-hipotalâmicos e o córtex frontal; conhece-se efectivamente o papel modificador das lesões desta parte no comportamento emocional do indivíduo.

Existem outras actividades cerebrais de função biológica bastante evidente, cujos mecanismos se começam a compreender, ou, pelo menos, para as quais podem ser propostas provisoriamente hipóteses explicativas. Trata-se da aprendizagem e do seu complemento, a memória. No plano evolutivo, estas funções devem ser muito antigas e foram assumidas por estruturas tanto mais complexas quanto a vida individual dos animais se enriquecia com um número cada vez maior de elementos de relação com o meio e os outros seres. Na verdade, os animais, por mais simples que sejam, jamais constituem estruturas mecânicas montadas de uma vez por todas e lançadas cegamente num meio ambiente. A complexidade e as flutuações deste último ultrapassam largamente os meios estritamente inatos postos à disposição do indivíduo para compor e encontrar uma trajectória média que assegure a sua sobrevivência, pelo menos, até à sua reprodução. A rapidez e a eficácia de uma resposta apropriada a um estímulo fazem parte dos meios desta sobrevivência. A conservação da experiência, em particular as circunstâncias de um insucesso, constitui por conseguinte um trunfo considerável para a manutenção de um número suficiente de reprodutores numa população. Por outro lado, a armazenagem de informações que a aprendizagem supõe tem sido objecto de hipóteses em neurofisiologia

A existência de duas espécies de memória é, de agora em diante, uma certeza. A memória imediata seria uma reserva temporária, uma primeira armazenagem de sinais à medida que as informações chegam ao córtex cerebral. Num segundo tempo, haveria uma transferência para o sistema límbico para constituir a memória a longo prazo. Enquanto a memória imediata se fundaria na entrada das mensagens em anéis fechados, um circuito reverberante de neurónios, a memória a longo prazo, estável e constante, supõe uma armazenagem, seja sob forma química, seja pelo estabelecimento de novas relações entre as células nervosas, portanto, de modificações sinápticas. A passagem da memória imediata à memória estável implica uma transferência de um lugar para outro do cérebro e uma ausência de interferência durante esta transferência. Nesta função, parece que uma zona «antiga» (arquipálio*) do manto cortical dos hemisférios, o hipocampo*, detém a posição chave. Com efeito, no plano anatómico, as células desta porção do córtex estão simultaneamente em relação com a região do córtex onde passam as informações sensoriais e motoras e com o hipotálamo. Funcionariam, assim, como comparadores, associando, por exemplo, determinada imagem sensorial proveniente do meio à mensagem reforçadora «atracção» lançada pelo hipotálamo.

Pode comparar-se a eficácia cerebral de vários seres?

Chegados a este ponto do nosso panorama da evolução do sistema nervoso, poderíamos ser acusados de ter deliberadamente rebaixado o homem ao nível animal e de não termos posto em evidência em que é que ele era diferente, uma vez que, após o estádio mamífero, nada de novo aparece na organização geral do cérebro. Para clarificar estas diferenças existem vários métodos de abordagem. O mais evidente consiste em comparar as provas dadas; outro em estabelecer uma hierarquia baseada num índice que traduza o grau de aperfeiçoamento; um outro ainda em procurar selectivamente estruturas originais sem equivalência nos outros animais, nem nos mais próximos do homem sob o ponto de vista zoológico. A propósito dos resultados comparados da actividade cerebral, parece-me necessário abrir um parênteses para denunciar uma fonte de mal-entendidos constantemente sustentada e explorada. Censuram-se os cientistas por forjarem termos não utilizados na linguagem corrente e criaram, assim, uma barreira à difusão dos conhecimentos. Porém, se devemos por vezes apreciar com uma certa complacência a tendência para a criação de círculos de iniciados, há que reconhecer que os termos da linguagem quotidiana constituem, muitas vezes, factores de incompreensão, quando não mesmo de desvio do sentido exacto. É o caso das palavras «instinto», «inteligência» e até «sociedade» e «linguagem», que arrastam todo um cortejo de pressupostos herdados da história humana e das ideologias. Ora, assim como é indispensável preparar, para uma experiência, instrumentos próprios e um protocolo estrito que elimine os factores parasitas, susceptíveis de introduzir uma indeterminação de resultados, também os conceitos e as palavras que os traduzem devem ser cuidadosamente definidos e depurados de quaisquer influências estranhas aos objectivos em vista. Longe de ser um obstáculo à comunicação, esta deligência constitui, pelo contrário, um atestado de autenticidade. Infelizmente, a necessidade de síntese, vivamente sentida nos dias de hoje, tende a arrastar consigo o hábito deplorável de projectar numa disciplina, *ipsis verbis,* os conceitos de outra. Tem-se assim assistido à promoção de estranhas quimeras para consumo público, misturando factos científicos e metafísicos, biologia e sociologia, sem que uma crítica prévia dos conceitos específicos tenha permitido saber se uma «tradução» era lícita e em que plano se fundava cientificamente uma verdadeira comparação.

Os diferentes testes utilizados para tentar uma comparação entre as provas da actividade nervosa superior arrostaram sempre com uma dificuldade que já várias vezes sublinhámos; a relatividade das capacidades de uma espécie em relação a outra, na medida em que não mantêm as mesmas relações com um meio ambiente que tenha, no entanto, objectivamente, os mesmos componentes. Que dizer, então, da comparação entre os animais que vivem em meios totalmente diferentes, como o homem e o golfinho! Se nos ativermos estritamente às percepções sensoriais, sabemos que existem diferenças tais que o «mundo» do nosso cão não é o mesmo que o nosso. Assim, não é de admirar que os meios superiores de integração e de acção apropriada sejam dificilmente classificáveis segundo uma escala absoluta. Por esta razão, os testes fundam-se essencialmente no princípio de problemas simples, de situações universais, tais como o evitar uma contrariedade ou, pelo contrário, o procurar alimento, a partir das quais se imaginaram complicações progressivas (labirintos, alavancas, etc.), para descobrir o limiar para além do qual os representantes de diferentes grupos animais interrompiam as suas realizações. É, evidentemente, uma verdade de La Palice dizer que o homem ultrapassa todos os outros, pois é ele que inventa as provas a que os submete e pode impor-se a si mesmo outras bem mais complicadas (o jogo de xadrez, por exemplo). Resta ainda um ponto sobre o qual é muito delicado o estudo das capacidades: a comunicação entre os animais da mesma espécie. O nosso propósito não é tratar as diferentes formas de «linguagem» de animais descritos nem a especificidade da linguagem falada do homem, à qual, aliás, se não limita todo o seu sistema de comunicação. Mas a este propósito é preciso sublinhar que as observações clínicas, a experimentação e a neuroanatomia têm colaborado estreitamente. É bastante provável que a linguagem humana, nas suas diversas formas, falada e escrita, seja uma das únicas funções superiores cuja sede foi possível localizar com grande precisão no córtex cerebral. A expressão da linguagem articulada está sob o controlo de uma zona do lobo frontal, a recepção dos fonemas sob o controlo de uma zona situada na circunvolução temporal posterior, e a leitura no lobo occipital. Cada uma destas zonas situa-se na proximidade das zonas das projecções motrizes ou sensoriais que correspondem a um dos aspectos funcionais necessários à linguagem: comando motriz dos músculos do conjunto buco-laríngio para a articulação a partir de um ponto próximo das projecções motrizes para o conjunto do corpo; controlo da compreensão das sonoridades verbais na zona temporal onde se projectam as excitações auditivas; controlo da decifração dos sinais escritos por células vizinhas do centro de projecção visual. A descoberta por Broca, em 1865, da lateralidade da linguagem, foi confirmada: nos não canhotos só o hemisfério esquerdo (o que comanda o lado direito do corpo) intervém na linguagem falada e escrita. O hemisfério direito quase só é capaz de compreender e exprimir uma linguagem baseada em objectos e gestos. Não é certo que os canhotos possuam o dispositivo inverso; antes parece existir, nesses indivíduos, uma certa ambivalência dos hemisférios em relação à linguagem. Esta espantosa lateralidade é talvez devida a uma assimetria na estrutura; o córtex da região temporal seria mais extenso no hemisfério esquerdo. Todavia, um acidente sofrido por uma criança e que envolva a destruição desta parte não impede a aquisição normal da linguagem, assumida pelo outro hemisfério no decurso da maturação dos neurónios. No adulto, esta recuperação já não é possível.

Em resumo: conhecemos os sectores do córtex cinzento dos hemisférios cerebrais onde são interpretadas as mensagens sensoriais ascendentes, sede das sensações (olfacção, audição, visão) e aqueles onde são coordenadas as respostas motrizes descendentes; mas nada nos autoriza, a partir da estrutura anatómica, a fixar um critério especificamente humano. O cérebro de um homem não é fundamentalmente diferente do de um chimpanzé, e neste encontram-se as grandes linhas de organização do cérebro de um ouriço-cacheiro. Em contrapartida, a simples comparação da quantidade de matéria e sobretudo na proporção relativa das diversas porções atribuídas a estas grandes funções, revela diferenças notáveis. A primeira verificação pode fazer-se simplesmente quanto ao aspecto da superfície exterior do córtex cerebral onde se concentram os corpos de neurónios. Lisa em muitos mamíferos cuja iniciativa individual e comportamento específico se limitam quase exclusivamente a estereótipos, o córtex aparece pregueado até atingir a complicação conhecida de numerosas circunvoluções, encontradas nos primatas. Além disso, as partes frontal e temporal acham-se consideravelmente aumentadas, dando aos hemisférios um aspecto globuloso. Isto corresponde, evidentemente, a um número maior de neurónios, portanto, de interconexões possíveis entre as diferentes zonas do córtex e as camadas subjacentes.

Esta observação antiga, aliás simples de fazer, suscitou inúmeros trabalhos que se propunham definir a escala quantitativa desta evolução, tendo em conta problemas particulares levantados pela diferença de modos de vida, assim como da estatura global do organismo, cujas actividades se encontram totalmente integradas ao nível cerebral. As dificuldades encontradas nesta investigação de um índice de «encefalização» residem precisamente na eliminação destes factores, estatura e particularidades do modo de vida. Se, mesmo em peso absoluto e em volume, for possível uma classificação no seio dos primatas actuais e fósseis, deixando o primeiro lugar ao homem actual, desde que se estenda a comparação ao conjunto dos mamíferos, com uma correcção eventualmente necessária pela relação com o peso do corpo, obtém-se uma escala que não é conforme à superioridade do homem, apesar de tudo o que possa dizer-se a esse respeito (e porque é precisamente o homem a poder dizer qualquer coisa). Não obstante, obtiveram-se resultados satisfatórios avaliando a relação que existe entre a dimensão (volume ou peso) do encéfalo e a do corpo em cada espécie (alometria de estatura). Em seguida, foi necessário comparar os coeficientes que medem esta relação nos diferentes vertebrados e, no interior do mesmo grupo, consoante as diferenças de modo de vida, para melhor fazer a partilha entre o que está em relação com as necessidades globais de um certo nível evolutivo e o que pode ser relacionado, na organização nervosa, com um modo de vida particular, aquático, terrestre, arborícola, etc., e um comportamento mais ou menos complexo. Mas, uma vez mais, nenhum dado permitiu deduzir que o cérebro humano conservava a marca da sua evolução, de uma passagem para um estádio assimilável mais especialmente a um modo de vida determinado. O mais que se pode dizer, a partir do exame dos restos de crânios de fósseis pertencentes à linhagem humana, é que o volume do encéfalo foi aumentando. Este relativo insucesso ilustra com clareza o erro que consiste em querermos contentar-nos unicamente com o critério cerebral para caracterizar a espécie humana. Foram efectivamente as investigações conduzidas separadamente em imunogenética e em bioquímica sobre a morfologia do esqueleto, principalmente sobre a bacia e os membros posteriores, sobre a coluna vertebral e o meio ambiente dos nossos antepassados, que trouxeram até à data mais ensinamentos sobre a evolução humana.

O sistema hormonal

Com o conjunto dos órgãos glandulares produtores de hormonas não fazemos mais que continuar, ao nível funcional, as páginas consagradas ao sistema nervoso. Mais ainda que para este último, a divisão por órgãos pode parecer académica, senão mesmo arbitrária, na medida em que se trata de um conjunto discrepante ao serviço do «organismo como um todo». O critério inicialmente seguido para definir as glândulas «endócrinas» fundava-se na estrutura dos seus tecidos, na disposição das células em relação ao veículo sanguíneo: o produto da secreção é directamente vertido no sangue, e isso por oposição a outros tecidos glandulares que evacuam a secreção nas cavidades do corpo, muitas vezes por um sistema de canais, como é o caso das glândulas digestivas. É mais interessante considerar o princípio de funcionamento: estas glândulas produzem substâncias químicas que, passando pelo sangue, são distribuídas a todo o organismo, mas apenas não «reconhecidas» por certos tecidos que constituem o «alvo». A acção destas substâncias é, portanto, específica: produzem um efeito único sobre esta ou aquela estrutura. Assim enunciado, o modo de acção não parece diferente fundamentalmente do do sistema nervoso, que utiliza ele próprio a via química de transmissão. Trata-se, em ambos os casos, de um sistema que emite sinais específicos sob o efeito de uma solicitação de informações. Estaremos em presença de um duplo emprego, um luxo natural? Sem mesmo evocar as diferenças do domínio de intervenção destes dois sistemas e a sua necessária interferência, basta comparar a rapidez de transmissão dos sinais nervosos à inércia de um sistema que compreende uma transmissão por via líquida, para compreender que se trata de complementaridade à escala cronológica: o sistema nervoso intervém nos fenómenos de necessidade biológica urgente, o sistema endócrino nos fenómenos lentos, em relação com as exigências fundamentais da vida. Ao passo que o sistema nervoso é muito estruturado, em consequência das propriedades funcionais particulares da sua unidade celular, o neurónio, não existe unidade estrutural no sistema endócrino. As glândulas encontram-se dispersas pelo corpo e nem sequer têm a mesma origem nos tecidos elementares do embrião. Mais: nem sempre é possível homologá-los de um grupo de vertebrados para outro. Por outras palavras, não podemos reconstituir a história de todas estas glândulas.

Se este princípio de acção, ao que parece, está muito expandido entre os animais (numerosos determinismos hormonais foram descritos nos crustáceos e nos insectos), os vertebrados inauguraram dispositivos particulares, e por vezes independentemente de um grupo para outro. Certas glândulas presentes nos peixes não se encontram nos vertebrados tetrápodes. A unidade funcional do sistema é realizada por um conjunto de interacções complexas entre as glândulas, por um lado, e um monitor (glândula hipófise) e os centros nervosos, por outro. O mais desconcertante é que, em certos casos, uma mesma substância química (hormona) tem efeitos diferentes consoante os grupos, o que revela a importância do papel do tecido alvo. A prolactina, por exemplo, é responsável pelo desencadeamento da produção de leite nas glândulas mamárias dos mamíferos. Ora, em certas aves, ela desencadeia a formação da zona irrigada situada sobre a face ventral do abdómen (placa incubadora), que nas fêmeas intervém para transmitir uma temperatura elevada ao ovo no curso da incubação. Inversamente, o mesmo efeito pode ser produzido por hormonas diferentes. É o caso do grau de pigmentação da pele, sob o controlo de uma hormona hipofisária nos mamíferos, da hormona tiroidiana e das hormonas sexuais nas aves.

Sutherland (prémio Nobel, em 1971) demonstrou recentemente que a acção da maior parte das hormonas sobre os alvos celulares assentava num único mecanismo bioquímico. Cada uma é, assim, uma primeira mensagem que desencadeia, ao contacto com a membrana da célula, a activação de um segmento mensageiro, o A. M. P. cíclico, que modifica o funcionamento celular no sentido característico da hormona. Cada célula-alvo «lê», ao nível da sua membrana, a mensagem hormonal no único sentido que lhe diz respeito. Tal é a origem da especificidade hormonal. Outros hormonas (hormonas esteróides) utilizam um mecanismo diferente: penetram na célula e, guiadas por um receptor, vão modificar a taxa de actividade dos constituintes do núcleo.

É costume distinguirem-se três modalidades na organização funcional do sistema, correspondendo cada uma, verdadeiramente, a um estádio evolutivo. A primeira consiste numa cadeia simples análoga à retroacção negativa: o efeito de uma hormona desencadeia a produção da sua antagonista. Isso permite manter próxima do nível «normal» a composição do meio interior em certas substâncias, como a glucose no sangue. Há, portanto, duas hormonas de efeito contrário, cuja produção é controlada pelas variações, para mais ou para menos, da taxa da substância a verificar. A segunda modalidade faz intervir um circuito misto, nervoso e endócrino: é um nervo que informa a glândula, como no exemplo clássico da adrenalina pela porção central da glândula supra-renal (medulo-supra-renal). É um processo de mobilizar pontos essenciais e o nível de actividade de todas as células ante um acontecimento imprevisto no meio externo. A terceira modalidade não passa de uma variante da segunda: libertação de hormonas no sangue directamente pelas vesículas sinápticas de fibras nervosas.

Neste aspecto, o conjunto constituído pelo hipotálamo e a glândula hipófise (pituitária), suspensa daquele, apresenta um exemplo ideal. O hipotálamo é já uma encruzilhada integradora de grande número de funções vegetativas e de informações sensoriais. As suas relações privilegiadas com a hipófise, não só graças à proximidade topográfica mas sobretudo devido à existência de um sistema de ligações nervosas com a parte posterior da glândula e de uma rede sanguínea particular, fazem dele um conjunto monitor para o nível de actividade de todas as células do corpo, por intermédio das glândulas submetidas ao controlo hipofisário. Estas ligações têm a vantagem de assegurar uma modulação, por exemplo, um reforço do sinal inicial. Compreende-se assim que, por esta via, influências externas como as variações da luminosidade global de temperatura e, de uma maneira geral, os factores ritmados do ambiente, possam influenciar o funcionamento do organismo e determinar respostas adaptadas (luta contra o frio) ou funções sazonais (a reprodução em grande número de espécies).

Grandes linhas de evolução do sistema

Parece ainda prematuro esboçar a história evolutiva das glândulas endócrinas, uma vez que as hormonas certamente não estiveram sempre todas isoladas e, sobretudo, porque a sua acção não foi testada num número suficiente de espécies de vertebrados para se conhecer exactamente o seu papel biológico. Os resultados surpreendentes e contraditórios por vezes obtidos deixaram pensar inicialmente que este sistema, estreitamente ligado aos fenómenos de adaptação dos organismos às condições do meio, não constituía bom material para seguir a evolução geral dos vertebrados, demasiado diversificados no decurso da sua história. Na verdade, como encontrar uma plataforma de comparação entre uma rã, que teve de sofrer as perturbações profundas da metamorfose quando da passagem do meio aquático para o meio aéreo, e o homem, desde sempre aéreo e que, sem se transformar radicalmente a não ser nas proporções, efectua um longo crescimento? Pode dizer-se, em contrapartida, que a fisiologia comparada das glândulas endócrinas deveria permitir pôr em evidência, através dos mecanismos adaptadores particulares, algumas das grandes regras segundo as quais se estabelecem e evoluem as relações entre o organismo e as condições do meio.

Existe uma outra maneira de investigar a evolução seguida pelo sistema endócrino: todas as hormonas pertencem a dois grupos químicos: os péptidos (associação em cadeia de ácidos aminados) e os esteróides. Conhecendo com precisão a composição de cada uma nas diferentes espécies, pode raciocinar-se sobre o sentido de derivação de uma para outra pelas possibilidades de substituição de elementos constitutivos. Foi assim possível, para as hormonas da hipófise posterior, reconstituir uma série evolutiva correspondente à que se conhece por outra via da história (filogénese) das grandes linhagens de vertebrados. A partir de uma molécula ancestral, presente em todos, efectuou-se uma série de substituições de certos ácidos animados por outros nos diversos elos da cadeia peptídica, até aos mamíferos em que é maior o número de produtos derivados e, por conseguinte, das funções. De maneira geral, parece que as relações entre os centros nervosos e o sistema endócrino se intensificaram no decurso da evolução, de tal forma que, no homem, os quatro gramas de substância nervosa situados na hipotálamo representam um verdadeiro circuito de controlo da quase totalidade dos tecidos secretores de hormonas. Escaparam todavia a esta centralização algumas glândulas que reagem local e directamente a uma variação de composição química do meio interno, como as ilhas de glândulas endócrinas do pâncreas para a taxa de glucose sanguínea, ou as paratiróides e certas células da tiróide para a taxa de cálcio circulante e, bem entendido, as diversas hormonas produzidas pelas células do tubo digestivo e também os rins que, nos mamíferos, segregam uma hormona (renina) reguladora da pressão sanguínea.

Não obstante, seria demasiado simples pensar que, num fundo herdado do passado, constituído por glândulas ligadas às funções vitais essenciais, reguladoras do metabolismo, teriam vindo enxertar-se dispositivos mais subtis atribuídos a aspectos biológicos mais elaborados, como o comportamento que permite uma adaptação imediata às circunstâncias. Na realidade, o conjunto do sistema complicou-se por imbricação estreita de elementos «antigos» e «novos» do tipo dos neuro-secretores. A uma certa independência original substituíram-se mecanismos de relações mútuas e até de cooperação, por vezes com circuitos duplos para uma mesma acção, e sujeições, um pouco como nas nossas máquinas cibernéticas, que muito devem, aliás, aos trabalhos dos fisiologistas. O resultado geral é uma «credibilidade» acrescida do sistema vivo e, sobretudo, uma maior liberdade em relação aos constrangimentos do meio. Este aumento da liberdade biológica é posto à disposição dos indivíduos de cada espécie e constitui, de algum modo, a sua bagagem para a duração da sua existência. O sucesso dos mamíferos é devido, em parte, à maior rendibilidade do seu sistema neuro-endócrino, ao serviço de um cortejo de comportamentos que atingem o máximo de complexidade no homem.

À primeira vista, poderia achar-se paradoxal que um maior número de determinismos pudesse assegurar um livre arbítrio mais efectivo. Esta questão só tem existência num plano metafísico e não pode deixar de nos desviar da compreensão dos mecanismos da evolução. Há que regressar ao encéfalo para melhor compreender a origem desta capacidade de escolha. É possível, na verdade, que ao nível dos centros interligados os sistemas «comparadores» assinalados acima intervenham para interpretar a oportunidade de uma reacção, enquanto são informados do estado de actividade de todas as glândulas endócrinas. Um exemplo simples das relações entre o cérebro e a secreção de hormonas na periferia é a ejaculação durante o acasalamento. São as mensagens enviadas ao cérebro pelos receptores nervosos do pénis que desencadeiam a expulsão do esperma, graças a uma mensagem de retorno destinada aos músculos dos canais genitais e da base do órgão masculino. O controlo pelo cérebro foi posto em evidência experimentalmente no rato: castrado, já não apresenta ejaculação, uma vez que existe uma ordem nervosa reflexa: a ablação das glândulas sexuais privou-o da rodução da hormona (testosterona) que deve normalmente «sensibilizar» os receptores nervosos. Se se injectar uma quantidade suficiente de testosterona ao rato castrado, ele ejacula o esperma contido nas vesículas seminais. Da mesma maneira, o cérebro pode ser informado do estado hormonal de um outro indíviduo e desencadear assim reacções consequentes. Os adornos nupciais de certas espécies, e de modo geral os caracteres sexuais secundários determinados pela secreção de hormonas, são efectivamente, para o companheiro, sinais que, pelo canal dos receptores nervosos, vão provocar mudanças profundas, mesmo hormonais. Estes circuitos relativamente simples nos animais permitem-nos suspeitar da eficácia que podem atingir nos animais que vivem em sociedade. No homem, a existência de circuitos consideráveis no córtex cerebral, base provável de um funcionamento que pode ser independente das fontes externas de estimulação, torna possível a interacção entre o conteúdo psíquico (recordações, imaginação) e o sistema endócrino.

VII

OS ÓRGÃOS SEXUAIS

Sexualidade e sexualização

É muito difícil imaginar um mundo vivo sem sexualidade. Muita gente se esforçou por fazer crer, em certos períodos recentes da história, que a existência de dois sexos distintos que se acasalavam periodicamente era uma tara vergonhosa, tentando repelir as suas manifestações; mas todas as folhas de parra, todas as roupagens e mortificações não conseguiram mascarar a universalidade deste fenómeno. Biologicamente falando, a sexualidade está ligada à perpetuação das espécies; mas não passa de uma simples modalidade, já que a maioria das linhagens animais diferentes dos vertebrados mostram exemplos em que a multiplicação não faz intervir este procedimento. A sexualidade assenta num mecanismo celular e não, como podia pensar-se, na existência de dois tipos de indivíduos em cada espécie. Com efeito, trata-se fundamentalmente da constituição de um conjunto formador de um organismo, a partir da reunião de duas metades sensivelmente diferentes. Células específicas ditas sexuais, carregadas somente da metade do número de cromossomas da espécie, fundem-se (fecundação) e o material genético assim reunido conduz à elaboração de novo indivíduo.

Os materiais necessários aos primeiros estádios desta construção são fornecidos por uma das duas células, a mais volumosa, ou óvulo. Compreende-se assim que em certas espécies, como o caracol, um mesmo indivíduo (hermafrodita) seja capaz de fabricar as duas categorias de células sexuais, que troca geralmente com outro indivíduo, sendo o essencial da operação constituído pela mistura de material genético. Este hermafroditismo verdadeiro é ainda possível em certos peixes e anfíbios. O aparecimento deste mecanismo de troca complexo, que implica a formação de células com duas vezes menos cromossomas que as outras (meiose*), assume o carácter de acontecimento revolucionário na evolução do mundo vivo. Com efeito, aumenta deste modo a probabilidade de as variações genéticas se manifestarem na sequência de gerações, alargando assim o leque de tipos diferentes de constituição genética (genótipos*). É a introdução de uma ruptura possível em cada geração na conservação estrita das potencialidades de uma espécie e a possibilidade de um desvio da aparência média de uma população, pois se certos genótipos levam à constituição de organismos cujos atributos gerais (fenótipos*) correspondem melhor às alterações do meio exterior, esses serão seleccionados. Em suma, a sexualidade é um factor de aceleração da evolução. Darwin tinha suspeitado da importância da reprodução sexuada mas considerava-a um fim a atingir, o critério de aptidão, sendo afinal também um meio, a fonte da variabilidade onde se joga a selecção natural. Os respectivos mecanismos celulares e suportes moleculares não eram ainda conhecidos na sua época.

O aparecimento secundário da sexualização, que determina a existência de indivíduos produtores de células masculinas e de outros produtores de células femininas, abriu assim todo um campo de factores de adaptação que favorecem a diversidade e a partilha do meio pelas espécies em concorrência. A presença de duas categorias de indivíduos por vezes com uma diferença morfológica marcada (dimorfismo sexual) permite o estabelecimento de relações elaboradas no seio de uma mesma espécie, de um cortejo de características fisiológicas e de comportamentos ligados à reprodução, cujo conjunto funciona segundo o que se pôde chamar uma «estratégia» própria da espécie na utilização óptima dos recursos do meio.

História do aparelho genital

Os órgãos que intervêm na reprodução sexuada dos vertebrados viveram uma das mais fantásticas aventuras, que ainda se repete parcialmente durante o desenvolvimento do homem. Ignora-se com demasiada frequência que há, na realidade, quatro partes distintas no aparelho genital que não possuem o mesmo significado biológico e representam, de qualquer modo, quatro patamares evolutivos sucessivos, na medida em que existe um encadeamento necessário e recíproco na sua entrada em funções, e uma forma de aditividade do primeiro ao quarto.

As células germinativas (gonócitos) constituem a primeira parte. Representam a origem das células sexuais, portanto, a condição necessária da reprodução. Estas células originárias surgem num estádio precoce do desenvolvimento embrionário (vinte e um dias no homem) e não se ligam a nenhum dos tecidos primordiais do embrião. Trata-se de uma caso único que assinala a originalidade e independência desta linhagem celular em relação a todas as outras linhagens do corpo. Com efeito, começam por se revelar no exterior do embrião, na parede da vesícula vitelina e, pelo menos nas rãs, foi possível localizar um território a partir do qual elas se formam no citoplasma do ovo, antes da segmentação. Em seguida, efectuam uma espantosa migração através do organismo em fase de construção, no qual penetram pelo intestino posterior, então largamente aberto na vesícula vitelina. Ao passar para a parede dorsal, revestindo-se do tecido que a une ao intestino (mesentério dorsal), acumulam-se à direita e à esquerda nos refegos formados pela proliferação do folhoso interno (endoblasto). Estes refegos, que tomam o nome de cristas genitais, estão estreitamente associados ao esboço de um rim primitivo ou mesonefros*.

Atingimos a segunda parte do aparelho: as glândulas sexuais ou gónadas*. O seu destino está estreitamente ligado ao dos órgãos produtores de urina. Em todos os vertebrados, estes baseiam-se no mesmo princípio: um dispositivo de filtragem do sangue e uma fina tubagem que recolhe os produtos extraídos antes de serem lançados para fora do organismo. Primitivamente este sistema era segmental; em toda a sua extensão tinha de haver uma sucessão de elementos depuradores. Tal dispositivo é ainda visível nos agnatos actuais e nos embriões. Ao conjunto chama-se prónefro. Foi suplantado ao longo da evolução e continua a sê-lo durante o desenvolvimento embrionário, por um sistema similar, situado mais atrás, na porção média do corpo (mesonefros*). Os canais excretores segmentais são substituídos por um canal único, o canal de Wolff. Nos répteis, aves e mamíferos adultos, um terceiro tipo de rim aparece em seguida mais atrás (metanefro). A formação dos rins constitui um dos exemplos que provam que o desenvolvimento embrionário (ontogénese*) não se faz por simples adição de estruturas mas através de uma série de transformações e substituições que implicam também a destruição de estruturas. A analogia com as transformações evolutivas sofridas pelas linhagens no decurso do tempo (filogénese*) não deixou de suscitar a atenção desde o século passado.

As glândulas sexuais formam-se em ligação com o mesonefros e vão conservar, pelo menos no sexo masculino, ligações com este órgão depois de ele ter deixado de desempenhar o seu papel de filtro transitório. Com efeito, o canal de Wolff, primitivamente destinado à excreção da urina, é utilizado para conduzir os produtos sexuais masculinos para o exterior do corpo durante a fecundação. Na sexta semana do desenvolvimento embrionário do homem, é ainda impossível distinguir para qual dos sexos evoluirá o esboço das glândulas sexuais: encontram-se num estádio indiferenciado. Os cordões celulares estão dispostos desde a superfície até ao centro da gónada, na proximidade dos tubos mesonefríticos, e «hospedam» as células germinais em fim de migração. Nas duas semanas seguintes, esta organização interna diferencia-se consoante o sexo. Nos machos, os cordões continuam a proliferar, dando como resultado uma rede densa de cordões testiculares; perdem toda a relação com o epitélio da superfície, que é substituído por uma cápsula fibrosa (albugínea). Estes cordões continuam compactos até à puberdade. É então que desenvolvem um sulco e acabam por formar os tubos seminíferos que vão continuar pelos tubos excretórios do mesonefros lançando-se a si próprios no «velho» canal de Wolff, convertido em canal deferente. Entre os tubos desenvolve-se um tecido endócrino (células de Leydig), responsável pela produção das hormonas sexuais desde a vida embrionária. Os testículos formam-se, portanto, no meio do abdómen, antes mesmo dos rins definitivos. Em seguida, a posição destes dois órgãos tende a inverter-se no conjunto dos vertebrados e, sobretudo na maior parte dos mamíferos, os testículos vão descer da sua localização interna e dorsal para se irem alojar no exterior, numa bolsa da parede do corpo, o escroto. Esta descida é única na vida de certos mamíferos (no homem, em particular), ou então periódica, na época dos amores, em outros (roedores, cavalo). O significado desta localização *a priori* incómoda não é claro. Sabe-se, no entanto, que a temperatura reinante nesta bolsa pode ser inferior um a oito graus centígrados em relação à da cavidade abdominal. Ora, se o testículo for mantido nesta, as células germinais degeneram e o indivíduo torna-se estéril. Mas como explicar que nas aves, cuja temperatura interna é muito elevada, e em alguns mamíferos (certos insectívoros, as preguiças, os papa-formigas), os testículos se mantenham no interior do abdómen? A presença do escroto como atributo masculino adquiriu secundariamente, com toda a verosimilhança, o valor de um sinal de atracção. Assim, em alguns primatas como o babuíno (símio africano pertencente ao género cercopiteco), a pele desta parte do corpo é vivamente colorida de azul.

Nas fêmeas, os cordões celulares da gónada indiferenciada fragmentam-se, em seguida, em cúmulos irregulares no centro da glândula. A parte periférica prolifera englobando em novos cordões algumas células primordiais. A organização efectua-se, portanto, «virando as costas» à orientação escolhida pela glândula masculina: a emissão das células sexuais far-se-á pela superfície e não pela rede interna de origem mesonefrítica. Aliás, esta não tarda a degenerar.

O terceiro sector do aparelho genital é constituído pelas vias genitais. No estádio indiferenciado existe, como via possível de evacuação dos produtos sexuais, o canal de Wolff do mesonefros e um canal dito de Mueller que une a cavidade interna do organismo (celoma) à exterior. No sexo masculino as coisas passam-se bastante simples, dado que o canal de Wolff se converte numa via exclusivamente sexual transformando-se em canal diferente. Em contrapartida, degenera em grande parte no sexo feminino, cujos produtos (óvulos) são deixados no celoma intra-abdominal. A sua condução para o exterior efectua-se pelo canal de Mueller, após a captação pela abertura superior (pavilhão). A parte média do canal torna-se um oviduto (trompa de Falópio, na mulher) e a parte inferior constitui, nos mamíferos, um útero, duplo na origem, que subsiste em muitas espécies, único em outras, como a espécie humana, por fusão das extremidades dos dois canais. A vagina resulta de uma formação provavelmente mista que faz intervir uma porção da bolsa onde confluem primitivamente os canais digestivos, urinários e genitais.

A significação evolutiva dos órgãos genitais externos

Em grande número de vertebrados, o aparelho genital é externo. Segundo um processo muito generalizado e primitivo, ligado ao meio aquático, cada sexo lança para fora do seu corpo as células reprodutoras que se encontram no meio externo (fecundação externa), e o novo organismo terá de enfrentar, ao longo do seu desenvolvimento, todas as vicissitudes deste meio. A regra evolutiva, que várias vezes temos invocado, de uma tendência para uma maior independência em relação às variações externas, manifesta-se também no domínio da reprodução, tão essencial à sobrevivência da espécie. Foi assim que por várias vezes, em linhagens diferentes, surgiram um e outro destes dois aperfeiçoamentos: primeiro a fecundação no interior do organismo feminino, depois o desenvolvimento protegido neste último (viviparidade). A quarta parte do aparelho genital, correspondente a um patamar evolutivo, é constituída pelos órgãos genitais externos, intervenientes no acto que permite a fecundação interna. Já nos tubarões existem apêndices que conduzem o esperma às vias genitais da fêmea na ocasião do acasalamento.

Processos de «inseminação» mais ou menos elaborados existem nas salamandras: o macho deposita um pequeno pacote, espécie de supositório denominado espermatóforo que contém os seus espermatozóides, numa geleia que a fêmea segura entre os lábios da cloaca. Foi desta mancira um tanto distante que os primeiros vertebrados terrestres, nossos antepassados, procederam para se reproduzir? Ignorá-lo-emos sempre, uma vez que os acasalamentos não se fossilizam! A única fonte de informação é neste caso, representada pelo estudo dos animais actuais. Ora, nos répteis, aves e mamíferos a fecundação é sempre interna. Isso permite-nos datar a aparição deste tipo de aproximação sexual com uma certa probabilidade, na medida em que outros caracteres da estrutura do esqueleto, em particular do crânio, parecem pertencer a um destes grupos, sendo o dos répteis o mais antigo. Entre estes, pode supor-se que a partir de um estádio em que o acasalamento consistia numa simples junção dos lábios cloacais, como é o caso no esfenodonte e na maior parte das aves, o aperfeiçoamento da intromissão de órgãos condutores do esperma apareceu, pelo menos, em três grupos distintos. Nas tartarugas e nos crocodilos (todavia sem parantesco próximo) um tubérculo da parede ventral da cloaca tranforma-se no adulto em órgão copulador, um pénis que, em repouso, se encontra retraído no interior da cloaca; a sua erecção e saída para o exterior são permitidas pelo relaxamento de músculos retractores e o afluxo sanguíneo às lacunas contidas no órgão. Nos lagartos e serpentes o pénis é duplo, donde a designação de hemipénis, e constrói-se a partir de eminências laterais do lábio posterior da cloaca. Em repouso, estes órgãos têm a forma de tubos ocos alojados na base da cauda e mantidos no seu lugar por um músculo retractor. A erecção efectua-se por um afluxo sanguíneo que determina o revirar do órgão como o dedo de uma luva e provoca a saída dos lábios da cloaca. A superfície do duplo órgão em erecção é, na maior parte dos casos, ornamentada com filas de espinhas córneas. Para nosso espanto, cada metade deste órgão geralmente divide-se, por sua vez, em dois lobos. Dado que o sulco exterior condutor do esperma acompanha estas estruturas, quatro fontes de líquido seminal são assim dispostas para a fecundação de uma fêmea. Entretanto, parece que um só hemipénis é introduzido de cada vez nas vias femininas durante um acasalamento. Entre as aves, só algumas espécies possuem um órgão copulador (o pato, por exemplo), mas em nenhum caso tem o aspecto sofisticado do dos répteis e de muitos mamíferos. Nestes últimos, com efeito, o pénis, sempre único, não apresenta menos variações de forma consideráveis. Difere essencialmente dos precedentes por ser um tubo e não apenas um guia para o líquido seminal. Ao passo que numa tartaruga, para tomarmos um exemplo que se aproxima do aspecto do dos mamíferos, o pénis é percorrido à superfície por um sulco que vai até à extremidade, sulco que se limita a guiar o esperma durante a cópula, no mamífero o pénis é percorrido no seu eixo por um canal, a uretra, para o qual confluem, ao nível da próstata, as vias sexuais (canais deferentes) e urinárias.

O exame da formação deste órgão atenua um tanto esta diferença. A partir do estádio indiferenciado, equivalente nos dois sexos (quatro semanas de vida embrionária na espécie humana), em que a membrana cloacal é circundada por um rebordo saliente, vê-se formar inicialmente um tubérculo genital que se prolonga para trás por pregas longitudinais. Estas, aproximando-se, vão isolar o sector anal do sector uretral; entre os dois constitui-se o perineu, à medida que as pregas uretrais se juntam. Assim, o pénis começa por ser percorrido por um sulco uretral análogo ao sulco espermático dos répteis; em seguida, a junção dos bordos deste sulco isola da superfície o canal da uretra que desemboca na extremidade da glande do pénis. A linha de reunião das pregas uretrais mantém-se visível na face inferior do órgão. A rigidificação do pénis, necessária à sua introdução nas vias genitais da fêmea, é permitida pelo afluxo brutal de sangue a um tecido de aparência esponjosa, disposto, por um lado, em volta da uretra (corpo esponjoso), por outro lado, em dois grossos cordões situados sobre a uretra (corpo cavernoso). Nenhum músculo intervém na erecção senão por relaxamento. Em grande número de mamíferos, o corpo cavernoso encontra-se armado por um osso da forma extremamente variável consoante as espécies, disposto sobre a uretra, na parte terminal. O homem, que o não possui, parece fazer excepção entre os primatas. A presença deste osso não dispensa, de modo algum, os tecidos erécteis, únicos responsáveis, pela sua turgescência, pela capacidade efectiva de introdução. A erecção é desencadeada por um reflexo grandemente controlado pelos centros cerebrais. A glande, mascarada em repouso por uma bainha do tegumento (prepúcio), apresenta, na maior parte das vezes, ornamentos análogos aos dos hemipénis dos lagartos e serpentes. Na maioria dos casos, trata-se de espinhas córneas dispostas segundo um desenho preciso e pensa-se que intervêm na estimulação de receptores nervosos nas vias da fêmea. Se nos lembrarmos também de que a própria forma da glande pode ser arredondada, como no homem, e igualmente ponteaguda (no cão, no gato), em hélice (certos ruminantes) ou em tampão (tapir), verifica-se uma espantosa diversidade simplesmente ao nível deste órgão. Este fenómeno é geral no mundo vivo. Em numerosos invertebrados, por exemplo nas centopeias, o exame dos órgãos copuladores é até o único meio de diferenciar as espécies, como se a selecção natural, prevendo erros, tivesse diversificado os modelos de «chaves». Esta interpretação pode sustentar-se com rigor em certos insectos cujas fêmeas são dotadas de «fechaduras» que correspondem rigorosamente às chaves e nos marsupiais, cujo pénis bífido corresponde a um duplo útero, mas na maior parte dos casos as vias femininas são simples e podem permitir a passagem a um órgão copulador de qualquer forma. Entre os primatas, os grandes símios e o homem possuem um pénis muito simples na sua forma. No gorila e no homem não existem mesmo quaisquer ornamentos córneos na glande.

Os órgãos genitais externos das fêmeas dos mamíferos necessitam, para a sua constituição, de menores transformações a partir do estádio indiferenciado comum aos dois sexos. O tubérculo genital dá o clítoris, que é assim o homólogo exacto do pénis e pode aliás revelar um desenvolvimento quase igual, de tal maneira que um olho pouco experiente terá dificuldade em reconhecer o sexo de um indivíduo de certas espécies, como o átelo ou macaco-aranha da América. O clítoris é igualmente dotado de um tecido eréctil mas, atrás, as pregas cloacais não se fundem para formar uma uretra no corpo deste órgão. O meato urinário abre-se independentemente atrás do clítoris e as pregas cloacais subsistem sem alteração, dando os pequenos lábios da vulva, que são bordados no exterior pela almofada dos grandes lábios. A goteira uro-genital primitiva permanece, por conseguinte, aberta.

A viviparidade: um fim ou um meio?

Se recapitularmos, de forma sistemática, a evolução seguida por cada um dos sexos até aos mamíferos, ressalta que, independentemente das modificações internas sofridas pela gónada indiferenciada, o sexo masculino revela transformações e especializações ao nível dos órgãos genitais externos, ao passo que, no sexo feminino, o sector mais modificado se situa ao nível das vias genitais. Isto conforma-se, evidentemente, com o papel biológico respectivo destas partes e com a sua complementaridade no encadeamento da fecundação interna e da viviparidade. Esta é mesmo acompanhada pelo aparecimento de um órgão circunstancial característico dos verdadeiros mamíferos: a placenta, constituída pela cooperação dos invólucros embrionários e da parede do útero, e que não só assegura a passagem das substâncias nutritivas da fêmea para o novo organismo que ela alberga, como também orienta todas as relações mútuas delicadas entre estes dois organismos diferentes, um temporariamnete enxertado no outro. Na realidade, a vantagem biológica da viviparidade não foi inaugurada pelos mamíferos mas adquirida em várias ocasiões por certos grupos, provavelmente na época em que os vertebrados viviam todos na água. Os próprios mamíferos exibem vários tipos de constituição da placenta que permitem pensar numa aquisição recente e independente em várias linhagens. É mais uma prova de que a evolução não seguiu uma progressão linear, e sobretudo de que todos os caracteres empregados hoje para definir um conjunto zoológico não apareceram simultaneamente, nem forçosamente, pela ordem sugerida pela lógica. A mandíbula de tipo mamífero apareceu em animais considerados por outra via como répteis, e talvez a viviparidade em outros que vivem nos mares, mas o ornitorinco, nosso comtemporâneo, continua a pôr ovos. À medida que as linhagens se separam, cada uma evolui segundo a sua própria «racionalidade», nos termos das relações dialécticas com o meio e nos limites permitidos por estas correlações que Cuvier magistralmente enunciou. Neste percurso por tentativa e erro, balizado pelos restos fósseis das espécies desaparecidas, como outros tantos impasses, houve inovações isoladas. A viviparidade assegura, com efeito, a vantagem teórica de uma maior probabilidade de êxito na construção de um novo indivíduo, na medida em que este beneficia dos dispositivos «antiacaso» da fêmea face aos perigos do meio. Mas muitos outros meios existem, por vezes simplesmente comportamentais, nos vertebrados ovíparos; as aves são disso um bom exemplo. O mesmo objectivo pode, portanto, ser atingido sem comprometer a existência dos adultos reprodutores. Não teria a viviparidade vista a hora do seu verdadeiro triunfo, nos mamíferos placentários, quando se aplicou a animais que possuíam elevado potencial energético (homotermia) e um encéfalo muito rico em interconexões? Podemos, então, perguntar-nos se teríamos chegado a existir no caso de as aves, no final da era secundária, se terem tornado vivíparas.

A determinação dos sexos e os seus pontos fracos

Nos adultos, a pertença a um sexo manifesta-se exteriormente por caracteres morfológicos e comportamentais. São os caracteres sexuais secundários que podem só aparecer na época da reprodução. Com eles encontramo-nos, afinal, na extremidade de uma cadeia que começou com as células reprodutoras primordiais. Vimos porém que, a princípio, nada na forma permitia distinguir os dois sexos, permanecendo indiferenciados a gónada e os órgãos sexuais externos. O que é que determina no homem, após a décima sexta semana, este desvio brusco do desenvolvimento que conduz à realização de dois tipos de organismo por espécie?

O exame das células do organismo em via de proliferação, por exemplo, das células originais das linhagens sanguíneas, revelou há muito que os cromossomas, que aparecem nitidamente quando da divisão celular, são em número fixo para cada espécie (quarenta e seis na espécie humana) e que é possível agrupá-los aos pares segundo a forma, de tal sorte que este número é o dobro do das figuras ($2n$ igual a quarenta e seis). Na realidade, num sexo (fêmea para os mamíferos) os pares são perfeitos, ao passo que no outro (macho) um deles compõe-se de dois cromossomas dissemelhantes. Por eliminação foi fácil comparar nos dois sexos os pares homólogos, nomeados XX na fêmea e XY no macho. O cromossoma Y aparece, assim, como uma característica do sexo masculino dos mamíferos. Sendo as células sexuais formadas por redução de metade do número (n igual a vinte e três no homem), compreende-se que haja um único tipo de óvulo (X) e dois tipos de espermatozóides (X e Y). O encontro fortuito quando da fecundação forma, numa probabilidade de um meio, quer machos (XY), quer fêmeas (XX). O cromossoma masculino, ou antes, alguns dos genes empilhados que o constituem, são responsáveis pelo primeiro desvio que se manifesta após o estádio indiferenciado: a gónada transforma-se em testículo, que compreende um tecido endócrino que produz hormonas masculinas (substância «inibidora» e androgénio). A mensagem genética passou então o testemunho para um sinal hormonal que atinge com primeiro alvo o canal de Mueller (que regride), os canais mesonefríticos (que se põem ao serviço da função sexual) e a região cloacal (o tubérculo converte-se em pénis e as pregas fundem-se). A produção dos androgénios atinge, em seguida, uma taxa enorme, superior à que atinge no adulto em relação ao volume do corpo; não têm, no entanto, os mesmos efeitos, uma vez que os órgãos genitais externos não chegam à maturação. Não constituem, neste momento, território receptivo à hormona; pelo contrário, o sistema nervoso central em plena construção, depois em maturação, está «impregnado» no sentido masculino, impregnação que se manifesta ulteriormente pelos componentes sexuais do comportamento. A actividade hormonal do testículo é estimulada durante a vida fetal por hormonas da placenta. Por consequência, desde que é dado o sinal de partida genético, a sexualização do organismo na sua forma e comportamento é assumida por factores hormonais que são, como sabemos, moduláveis, sujeitos a flutuações e até a inversões. Isto explica a possibilidade de não haver coincidência entre o sexo genético e o sexo imediatamente reconhecível à nascença. No sexo masculino, entre as causas possíveis, todas têm em comum a insuficiência de acção dos androgénios durante a vida intra-uterina.

Que papel desempenham os cromossomas X, os únicos que a fêmea de mamífero possui? Parece que o desenvolvimento no sexo feminino se efectua seguindo uma «propensão natural». A gónada indiferenciada converte-se em ovário desde que não haja androgénios normalmente produzidos pelo testículo, o que não constitui uma verdade de La Palice na medida em que a recíproca não é verdadeira. Seguidamente, mesmo sem ovários, sob a influência das hormonas maternas que passam pela placenta, vão formar-se as vias genitais e os órgãos externos do sexo feminino. Por consequência, pode dizer-se que, nos mamíferos, a organização feminina constitui uma base a partir da qual aparecem, secundariamente, as características do sexo masculino. As divergências entre um sexo feminino genético e o sexo legalmente reconhecido terão como causas todas aquelas que põem o embrião em contacto com uma forte taxa de hormonas masculinas. Como se pode compreender agora, a viviparidade, abrindo a possibilidade de uma influência materna sobre o embrião, constitui uma fonte de desvios do sexo genético que conduz geralmente a indivíduos intersexuados incapazes de se reproduzirem, porque estes desvios afectam as vias genitais e os órgãos externos mas não a gónada que resiste a esta influência. Esta resistência faz parte, sem dúvida, de um mecanismo adquirido secundariamente para atenuar este inconveniente da viviparidade placentária: com efeito, nos vivíparos imperfeitos, como a serigueia e o opossum, cujo embrião deixa o útero numa fase precoce, anterior à diferenciação sexual, para chegar à bolsa marsupial, pode obter-se experimentalmente uma inversão do sexo genético, mesmo ao nível da gónada.

Se a influência hormonal é preponderante na sexualização do organismo, pode suspeitar-se de outras influências, em particular no meio exterior, nos ovíparos; por exemplo, a temperatura, nas tartarugas. De um modo absolutamente surpreendente, podem obter-se eclosões homogéneas quanto ao sexo se se mantém a temperatura de incubação em determinados níveis. Todos os recém-nascidos têm aparência masculina a vinte e sete-vinte e oito graus centígrados, ao passo que todos são femininos a vinte e nove-trinta graus centígrados. Na natureza, as oscilações térmicas devem globalmente tamponar este efeito, e em princípio nascem tantas fêmeas como machos. Estamos longe de compreender exactamente o mecanismo de tais efeitos, que revelam a plasticidade do organismo em construção, cuja trajectória inicial, geneticamente determinada, pode ser grandemente alterada pela sua confrontação com o meio. Continua a ser difícil explicar um fenómeno estranho observado em várias espécies de invertebrados e de vertebrados, quer isoladamente, quer ao nível de populações inteiras: a reprodução sem macho, designada sob o termo geral de partenogénese*. Se sabemos, desde há muito, por experimentação, que uma simples excitação do óvulo pode provocar o início do desenvolvimento, mesmo num mamífero, e produzir um indivíduo fêmea, uma vez que não há contributo de cromossomas Y por um espermatozóide, não se compreende o aparecimento espontâneo deste modo unisexuado de reprodução em certas espécies de vertebrados que, na realidade, são bissexuados. Isso implica, efectivamente, um mecanismo regulador do número específico de cromossomas, dado que, na origem, o óvulo contém teoricamente apenas metade.

No Cáucaso, mais tarde na América do Sul, encontraram-se populações de lagartos unicamente compostas por fêmeas, ao passo que a pouca distância as mesmas espécies eram, por vezes, representadas pelos dois sexos. Em rigor, é possível compreender a vantagem biológica imediata deste sistema: uma só fêmea pode fundar toda uma população e a espécie expandir-se rapidamente fazendo «economia» da «fabricação» de dois organismos para produzir cada geração. Se tivermos em vista, como geralmente fazem os ecologistas, os recursos potenciais do meio, o ganho de rendimento é evidente. E identicamente se tivermos em conta a probabilidade de atingir uma nova geração: antes da reunião de um casal, cada um tem de transpor independentemente os diversos

DIFERENCIAÇÃO DOS ÓRGÃOS SEXUAIS NO EMBRIÃO

GLÂNDULAS E VIAS SEXUAIS

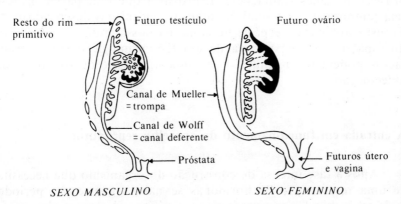

ÓRGÃOS SEXUAIS EXTERNOS

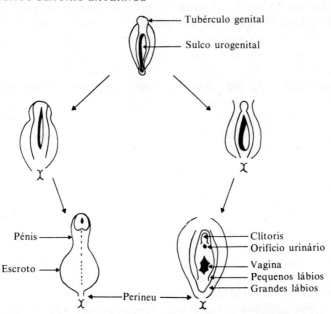

obstáculos do meio, doenças, predação, acidentes, etc., efectuar a caça ao caso que constitui a sua vida individual. Porém, em contrapartida, suprime-se a fonte da variabilidade de que falávamos atrás. É sempre o mesmo património genético que é utilizado, residindo a única causa de mudança na taxa de modificações bruscas de genes (mutações). É provável que esta partenogénese seja temporária; mas qual é, então, o mecanismo desencadeador? Transpostos para a espécie humana, na nossa época de conquista do espaço e na perspectiva de um feminismo de desforra, estes factos podem fazer sonhar com toda uma série de romances de antecipação.

A entrada em funcionamento do aparelho reprodutor

Após a fase intensa de construção do organismo que necessita de uma intervenção de hormonas sexuais, segue-se um período mais ou menos longo consoante as espécies cuja característica é o aumento de estatura. As glândulas sexuais encontram-se, então, em repouso e revelam mesmo uma certa regressão. Na espécie humana, o número de folículos ováricos, sede das células reprodutoras, diminui consideravelmente após o nascimento e o tecido endócrino do testículo perde as suas células características (células de Leydig). O despertar das glândulas sexuais conduz à libertação das células reprodutoras e de hormonas que vão determinar o aparecimento de caracteres sexuais secundários, tornando-se os órgãos em questão subitamente receptivos: é a puberdade. Este novo estádio da vida dos indivíduos depende do hipotálamo, talvez com uma intervenção da glândula pineal, derivada do olho médio. A puberdade ocorre bastante tarde na vida humana, em relação à longevidade da espécie, cujo crescimento geral é lento, Tal como a maturação de um tecido tão essencial como o córtex cerebral. Como o demonstra a simples comparação no seio dos mamíferos entre as espécies nidícolas * e as nidífugas *, esta lentidão é favorável à aquisição, por aprendizagem, de comportamentos adaptados que tendem a aumentar as possibilidades de resolver os problemas levantados pela sobrevivência.

Na realidade, é bastante difícil estabelecer comparações neste campo para o conjunto dos vertebrados. Em alguns, a fase de crescimento é longa e o estádio reprodutivo breve, por vezes à maneira caricatural dos efémeros para os invertebrados. É o caso de certos agnatos actuais que, lembremo-lo, são os únicos representantes de um tipo a que pertencem os primeiros vertebrados conhecidos. Em outros, o crescimento é interrompido, aparecendo a actividade sexual em certa idade para ser prosseguida durante uma vida geralmente longa à nossa escala. É o caso dos grandes répteis, principalmente crocodilos e tartarugas. Há também espécies que se reproduzem numa fase precoce, enquanto não surgiram ainda estruturas consideradas como adultas para o grupo: é o caso dos anfíbios que se reproduzem no estádio aquático, antes da metamorfose, que já não tem lugar (neotenia*). Estas diferenças não são negligenciáveis na medida em que revelam que a entrada em acção das diversas sequências do programa genético obedece a cronologias diversas, pode sofrer alterações durante a evolução e influência consideravelmente o aparecimento e o modo de vida das espécies. Por exemplo, no caso bem conhecido da neotenia dos anfíbios, o axolote é uma «espécie-girino» natural, cuja forma definitiva se ignorou durante muito tempo, obtida experimentalmente por acção da hormona tiroidiana. Noutros casos, os tecidos perderam toda a receptividade à hormona de crescimento e ignoraremos sempre a que se assemelhava a sua forma definitiva, isto é, a do antepassado. Julgou-se poder aplicar estes dados, tal como se nos apresentam, ao aparecimento da espécie humana que, por certos caracteres, evoca a forma juvenil dos grandes símios. O escritor Aldous Huxley, recordando-se dos seus estudos de biologia, tinha feito desta ousada teoria o tema do seu romance *Jouvence*, onde se imagina que um homem que descobrira o segredo de uma longevidade extraordinária acabava por atingir a forma «definitiva»... a de um grande símio.

O funcionamento dos órgãos sexuais e os ritmos naturais

Na quase totalidade das espécies animais, os órgãos reprodutores entram em repouso após uma fase de actividade sazonal. Isto é, evidentemente, muito perceptível nas zonas geográficas em que as flutuações do clima determinam uma modificação importante no meio ambiente, em particular na produção em massa dos organismos sobre os quais assenta toda a pirâmide dos seres vivos: os produtores primários constituídos pelos vegetais autotrofos. Enquanto certos animais levam, durante este período, uma vida puramente vegetativa, ou entrem mesmo numa fase de amortecimento em relação a todas as funções, outros partem para uma zona em que encontram um nível superior de recursos. Conhece-se a ligação existente entre migração e reprodução no caso das aves, por exemplo. Esta periodicidade está sob o controlo da região hipotálamo-hipofisária, onde têm de integrar-se todas as espécies de mensagens provenientes do meio e que servem para caracterizar a época do ano. Noutras espécies que vivem em zonas equatoriais de fracas flutuações climáticas subsiste igualmente uma estação de reprodução. Assim, na Amazónia, a grande iguana verde e numerosas tartarugas fluviais reproduzem-se em época fixa do ano, aquela em que as águas começam a descer: efectivamente, trata-se de animais que fazem as posturas na areia dos rios.

Um exame atento de todos os casos permite confirmar que a actividade das glândulas sexuais está, na maior parte dos animais, ligada a factores externos naturalmente ritmados. Nos vertebrados, o período de repouso não é geralmente equivalente nos dois sexos. O testículo deixa de produzir espermatozóides e uma taxa elevada de hormonas, o que por vezes determina mesmo uma regressão, não somente dos caracteres sexuais secundários («atavios de núpcias» em certos peixes e aves) mas também dos órgãos genitais externos. Pelo contrário, o ovário prossegue mais ou menos lentamente uma evolução que prepara o período seguinte de reencontro dos sexos. A razão está na diferença marcada do papel respectivo das células reprodutoras dos dois sexos. Os espermatozóides são pequenas células móveis, reduzidas quase ao núcleo, produzidas em grande número em cada fase de actividade praticamente até à morte do indivíduo macho. Os óvulos provêm de um número limitado de células que geralmente se esgotam antes da morte da fêmea. São células muito volumosas, com um citoplasma importante, encarregadas de fornecer a totalidade da energia necessária, pelo menos nos primeiros estádios do desenvolvimento. Diversos processos existem para harmonizar estas diferenças que implicam uma maior inércia na preparação das células femininas, mantendo uma taxa suficiente na produção de novos organismos, desde a conservação de espermatozóides nas vias femininas e sua utilização logo que os óvulos estão maduros (nos morcegos, por exemplo), até à fecundação de várias fêmeas por um só macho (numerosos mamíferos, entre os quais os primatas). Nos ovíparos, em que a fêmea tem de constituir para cada futuro ovo a totalidade das provisões de viagem sob a forma do saco de vitelo existe, portanto, uma fase de acumulação, a vitelogénese, antes da ovulação. Isto implica, por vezes, a necessidade de não haver reprodução senão de dois em dois anos, em particular nos répteis cuja actividade, e portanto a obtenção de substâncias energéticas, depende da temperatura exterior.

Nos mamíferos, o problema põe-se em termos diferentes uma vez que a fêmea está ocupada, no sentido próprio da expressão, pelo organismo novo saído da fecundação, fase que nas aves corresponde à incubação. Vêm depois, nas espécies nidícolas, os cuidados a prodigalizar aos jovens. Durante todo este tempo, o relógio interno hipotalâmico descreve uma evolução que não tarda a restabelecer o tempo da produção de novos óvulos. Este ciclo pode ser descrito várias vezes durante a estação de reprodução, sobretudo se os recém-nascidos são capazes de se desenvencilhar sozinhos em pouco tempo (nidífugos).

No caso dos primatas superiores, nos quais se inclui a espécie humana, a actividade sexual, embora necessariamente cíclica na fêmea pelas razões evocadas mais acima, dura todo o ano, o que representa, um princípio, uma vantagem considerável, na condição de que o meio ambiente ofereça recursos suficientes. Mas o número de petizes por ninhada é muito limitado e a gestação bastante demorada, comparativamente ao peso médio dos indivíduos da espécie. As regras propostas para relacionar o número de ninhadas por ano, a importância de cada uma, o volume do filhote e a riqueza do meio não são aplicáveis à maioria das espécies, uma vez que não levam em consideração factores comportamentais, em especial, as condições que conduzem à formação de um casal numa população relativamente densa ou fragmentada em bandos. Este aspecto social dos comportamentos ligados à reprodução desempenha um papel muito importante em muitos mamíferos, e no mais alto grau entre os primatas. Com efeito, se admitirmos que o objectivo biológico visado é conseguir, pelo menos, uma substituição estável das gerações pela probabilidade de êxito máximo na produção de jovens, temos de supor, nas espécies que vivem em grupo e de desenvolvimento lento, toda uma organização nas relações entre os sexos. Tudo começa pela apropriação de uma ou várias fêmeas, prosseguindo, em contrapartida, pela protecção dos jovens, mas continuando a participar do grupo. O esquema de relações compreende assim, geralmente, três termos: o macho e a fêmea, a fêmea e o jovem, e os outros membros do grupo. Foi verosimilmente neste quadro que nasceu a sociedade humana. Estas relações sociais são, ao mesmo título que os factores do meio, integradas enquanto mensagens exteriores pelo cérebro e chegam ao hipotálamo. Assumiram uma importância cada vez maior no decurso da evolução humana, na medida em que, pela primeira vez, esta espécie foi capaz de enriquecer e de transformar este «meio» social. Por esta razão é bastante difícil saber se somos ainda sensíveis, ou, pelo menos, sensibilizáveis, aos ritmos naturais, na actividade dos nossos órgãos sexuais. Até o ciclo ovárico, estranhamente em coincidência com o ciclo lunar, pode ser perturbado por factores psicossociais. Quanto ao homem, é provável que qualquer vedeta de cinema, através do canal dos *mass media*, faça mais pela estimulação da actividade sexual do que todos os factores naturais reunidos.

VIII

EXISTE UM FUTURO PARA O NOSSO CORPO?

Os grandes conjuntos anatómicos e funcionais

Chegados a este ponto da nossa viagem, tornou-se evidente que falar da evolução do fígado, da glândula tiróide, do coração e até do cérebro não tem sentido no plano estritamente biológico. É uma ficção cómoda porque não é possível seguir as transformações de mil indivíduos ao mesmo tempo. Há, entre os capítulos precedentes, repetições e correspondências significativas. Se tentarmos recapitular esta longa história que, por patamares, conduziu esses vertebrados couraçados e sem mandíbulas, os primeiros que se conhecem, até ao organismo dos mamíferos, portanto até ao homem, já não é órgão por órgão que temos de proceder, mas sim por conjuntos funcionais. Para alguns destes conjuntos, como o aparelho cardio-pulmonar, os diversos órgãos situados na cabeça e pescoço, ou o aparelho locomotor, somos auxiliados pelo estudo comparado do desenvolvimento embrionário. Efectivamente, todos os vertebrados têm em comum, entre as características que precisamente definem a ramificação, a passagem para um estádio em que as células embrionárias, dividindo-se activamente, se dispõem em três camadas: epiblasto, mesoblasto, endoblasto. Os seus movimentos relativos, devidos a zonas mais activas de multiplicação celular, vão determinar as grandes linhas, o quadro do futuro organismo. Assim, de modo precoce, será fixado o plano de simetria e aparecerá um pólo anterior. Na condução das principais operações iniciais de disposição das grandes massas intervém um tecido particular, o cordo-mesoblasto*, que se estende em cordão, dorsalmente, por baixo do sulco e depois do tubo neural. O princípio essencial do desenvolvimento consiste na emissão de mensagens de incitamento que, recebidas pelas células de uma região com o poder de as interpretar, desencadeiam a diferenciação em tecido particular, o que muitas vezes só se manifesta, ao princípio, por uma condensação das células. Mas este esboço de diferenciação pode assim caracterizar-se pela emissão, pelas células de uma segunda mensagem de incitamento na direcção de zonas vizinhas, e assim sucessivamente. O mesmo conjunto poderá, então, ser constituído por tecidos provenientes de camadas diferentes; a ligação estabelece-se sob a forma de um reconhecimento mútuo das células como fazendo parte de um conjunto. Cada célula, imersa na massa, recebe informações que lhe vêm, por um lado, da sua posição em relação às vizinhas e, por outro, do grau de actividade destas últimas.

Factor importante na organização dos vertebrados (que de resto partilham com certos invertebrados, entre os quais os vermes anelídeos, como a minhoca), é a existência de uma repetição segmental de uma mesma associação entre tecidos. De cada lado do cordo-mesoblasto dispõem-se maciços pares cujo número progressivamente crescente permite estabelecer uma cronologia no desenvolvimento embrionário. São os somitas. O seu material vai constituir, ulteriormente, o eixo vertebral, a sua musculatura e a derme que o recobre, mas também os rins segmentados, cuja associação aos mecanismos de expulsão dos produtos sexuais verificámos. Indirectamente, por seu incitamento, alguns destes maciços vão provocar o início da construção dos membros. De um modo geral, parece que a repetição segmental constituiu factor favorável à complicação dos organismos. Com efeito, a conjugação dos efeitos incitadores de diversos segmentos e a mistura dos seus materiais permitiu uma regionalização ao longo do eixo primitivo. Exemplo particularmente eloquente é constituído pelas transformações sofridas pela região situada ventralmente entre a abertura da boca e o coração, durante a evolução. Nos agnatos actuais, como a lampreia, e nos agnatos fósseis ou ostracodermes, entre a abertura bucal sempre escancarada e o coração, estende-se uma zona onde se repetem os segmentos do aparelho branquial, compreendendo cada um o seu elemento esquelético, músculos e nervos, os seus vasos e a comunicação directa ou indirecta com o exterior, dispondo-se o todo de um lado e de outro da porção anterior do tubo digestivo ou faringe. Trata-se de animais que filtram a lama dos fundos e talvez também dos saprófitos.

Este esquema repetitivo foi subvertido, sendo os seus elementos separados, dispersos e reutilizados para outros fins, durante a passagem dos três patamares importantes, o terceiro dos quais nos parece, demasiado tarde, indissociável do aparecimento do homem, o que não exclui, evidentemente, que as coisas tenham decorrido de outra maneira! O primeiro patamar é representado pela irrupção nos mares da era primária de um novo tipo de vertebrados; activos, verdadeiros predadores, possuem um corpo afilado, adaptado a uma deslocação rápida, e o primeiro segmento da série branquial converteu-se numa armadura articulada para o contorno da boca. Aflorando à superfície do corpo, os elementos esqueléticos deste arco beneficiam da presença de formações duras dermo--epidérmicas, escamas transformadas em dentes. Em alguns estabelece-se uma ligação com o crânio, caixa que contém o encéfalo e os órgãos sensoriais da cabeça, por intermédio de uma parte dorsal do arco seguinte; assim se consolida um conjunto crânio--mandíbulas mas, ao mesmo tempo, aproximam-se as estruturas do segundo arco, a sua bolsa branquial, nervos e músculos, e a região posterior do crânio onde se situa o órgão de recepção das vibrações sonoras.

Quando da saída da água — segundo patamar importante — o conjunto do aparelho branquial fica, de certo modo, caído em desuso, efectuando-se as trocas gasosas ao nível da pele e dos dois divertículos ventrais do esófago: os pulmões. O sangue passa duas vezes pelo coração, onde as câmaras de recepção se vão compartimentar. Os materiais deixados por conta vão dar um extraordinário exemplo de ajustamento natural. A bolsa branquial do segundo arco (arco hioidiano) converte-se em caixa de ressonância e o elemento esquelético dorsal em vareta condutora de vibrações até à janela oval do receptor craniano acústico; os elementos ventrais vão armar a superfície inferior da boca, agora ornamentada com uma língua móvel, e que constitui sobretudo a membrana da bomba de ar: assim aparecem o primeiro ossinho do ouvido médio, ou estribo, e o osso hióide, esqueleto da língua. Os nervos segmentais e os músculos seguiram-se docilmente: o nervo trigémeo, que vinha activar os músculos do primeiro arco, constitui o nervo essencial do conjunto mastigador; o nervo facial, ligado ao arco hioidiano, distribui-se pelos músculos da região hioidiana mas também pelo músculo do estribo. Não há transformação considerável nesta região até ao aparecimento dos mamíferos, que representa o terceiro patamar. A anexação do material branquial pelas funções mastigadoras e a audição acentua-se então e, de acordo com a descrição feita em capítulo precedente, conhecem-se simultaneamente as fases sucessivas no tempo histórico e a repetição no desenvolvimento dos animais actuais, incluindo o homem.

Correlativamente a uma especialização da dentadura, vêem-se, por um lado, os elementos da charneira dos maxilares passar para a esfera auditiva para constituírem o martelo e a bigorna, completando a cadeia de ossículos condutores de sons entre o tímpano e o receptor craniano e, por outro, os restos dos arcos pós-hioidianos a organizar-se em torno da encruzilhada de vias aéreas e digestivas e a formar a laringe. De uma só vez criam-se diversos dispositivos complementares: aparelho de deglutição, que permite um longo tratamento mecânico dos alimentos sem interromper as trocas respiratórias, e dentes especializados; microfone formador e emissor de sons modulados em frequência, amplitude e harmónicos. Neste último ponto todas as estruturas implicadas intervêm no exercício da linguagem articulada do homem: forma das arcadas dentárias, mobilidade da língua, posição da laringe que permite a utilização da cabeça como caixa de ressonância e, evidentemente, um receptor apropriado. Ora, a linguagem articulada é, no fundo, um dos únicos caracteres indiscutivelmente humanos!

Outras partes do aparelho branquial sofreram também substituições de funções, «recuperações». Assim, as amígdalas palatinas e as glândulas paratiróides provêm respectivamente da colonização de vestígios branquiais abandonados pelo tecido linfóide e um tecido endócrino. Por outras palavras, quer se tratasse do conjunto buco-laríngio, quer das outras estruturas derivadas do aparelho branquial, a reutilização para outras funções supõe uma transformação concomitante dos circuitos nervosos centrais, do receptor auditivo (caracol do ouvido interno), mecanismos imunitários, etc. Em certos casos tem-se a impressão de que as estruturas estavam prontas antes da entrada numa nova função, o que foi designado com o termo discutível de «preadaptação». Assim, com pequenas diferenças de pormenor, a laringe dos grandes símios não é diferente da do homem, mas não há centros cerebrais complexos da linguagem para a comandar.

Os limites na modificação e reparação

O organismo, entendido em todas as suas dimensões, inclusivamente a dimensão histórica, aparece, portanto, como uma sequência de estruturas encaixadas, umas ligadas pela sua origem e partir de um mesmo material, outras pela sua associação a um momento evolutivo. Em cada geração, o programa genético repete uma condensação desta história, com lacunas, resumos e inversões. Mas apenas pequenos erros lhe são permitidos. A sua tenacidade é tal que se, por acidente, pelo menos no início da construção do embrião, uma parte vier a ser destruída, ele fará novamente um organismo inteiro. Em última análise, se as duas primeiras células se acharem separadas, ele fará dois organismos idênticos: gémeos verdadeiros. Esta capacidade, chamada «regulação do ovo», atenua-se à medida que o edifício se complica, simultaneamente para um mesmo animal consoante a idade do embrião que sofre o acidente e para animais diferentes consoante o seu nível evolutivo. Quanto mais jovem for o embrião e mais simples o animal, mais capaz de prodígios será a regulação. A mensagem genética tem de ser suficientemente clara e precisa, já que, de toda a maneira, será um pouco deformada na sua tradução material em múltiplas acções exteriores, e o resultado jamais será rigorosamente conforme ao plano previsto. O estudo das monstruosidades (teratologia*) e a embriologia experimental ensinaram-nos a causa da maior parte dos desvios que intervêm durante o desenvolvimento. Alguns são devidos a um erro no próprio plano genético e muitos à acção de agentes externos durante a leitura do plano.

Assim, não parece razoável que uma mudança brusca seja possível de uma geração para outra, e a manifestação da evolução é antes concebida como um processo progressivo, não necessariamente lento, de distorsão nas relações entre as diversas estruturas encaixadas do organismo.

Sabe-se no entanto que, em certas condições, se podem substituir partes deficientes de um conjunto funcional num organismo. É toda a questão das transplantações, dos enxertos e também das próteses. Na verdade, quando se trata de peças com um papel essencialmente mecânico, esta última solução é preferida na medida em que um elemento artificial, desde que o material seja quimicamente inerte, oferece mais confiança que um elemento vivo que ameace modificar-se por si próprio ou em resposta ao meio envolvente. Deste modo, substituem-se cabeças articuladas dos ossos, vasos sanguíneos, válvulas do coração, com a mesma facilidade com que, outrora, se enfiava um gancho ou uma perna de pau no lugar de um membro perdido. Infelizmente há dificuldades para os tecidos vivos cujo equivalente artificial se não encontra com as mesmas propriedades físicas. É o caso do tecido contráctil dos músculos, por conseguinte, do tecido do coração. É necessário, então, encarar a hipótese de transplantação de um organismo dador para um receptor. Ora a causa dos primeiros insucessos da transfusão sanguínea, que afinal não passa de uma transplantação de tecido líquido, foi abordada mais acima. O sistema aglutinogénio-aglutinina dos principais grupos é suficientemente simples para que se possam prever todas as combinações possíveis e evitar os acidentes, transfundindo apenas o sangue compatível. De resto, este será rapidamente substituído pelo próprio sangue do recebedor. No caso de uma transplantação, trata-se da implantação duradoura de um tecido estranho que tem de conservar todas as suas propriedades contrácteis no caso do coração, de filtragem selectiva no caso de um rim, etc. O órgão é simplesmente enxertado na corrente sanguínea do recebedor, o que não levanta problemas de maior a uma equipa cirúrgica. Pelo contrário, sabe-se que há recusa do órgão estranho, reconhecido como «não-eu» pelo sistema responsável da defesa do organismo. O enxerto simples, que consiste, por exemplo, em completar uma superfície de pele com um pedaço recolhido noutro lado, ofereceu um modelo simples para o estudo das condições de rejeição, e a definição de uma identidade de tecidos muito mais complexa e subtil que a descoberta inicial dos grupos sanguíneos permitia supor. Será tanto menor a reacção de rejeição quanto maior a semelhança genética dos tecidos. Idealmente, isso significa que só são perfeitamente compatíveis os tecidos de dois gémeos verdadeiros. Mas existe um outro termo sobre o qual se pode actuar: o sistema de defesa cuja linhagem linfocitária é o agente de base. Praticamente, certos órgãos hoje em dia bastante circunscritos em volume e com vias de acesso sanguíneas bastante simples podem ser transplantados, na condição de que a «identidade» de tecidos do organismo dador não seja demasiado diferente da do organismo recebedor, e que se proceda a uma anestesia, pelo menos temporária, da actividade dos liafócitos, para amortecer o choque da introdução do tecido estranho. Até onde se poderá chegar por esta via? Poderão transplantar-se um dia, conjuntos importantes de vários órgãos? Finalmente — questão que frequentemente se renova — será concebível transplantar um encéfalo?

Se actualmente o caminho parece aberto às transplantações de pulmões, glândulas digestivas anexas, como o fígado e o pâncreas, apesar de todos os sonhos de ciência-ficção, somos obrigados a permanecer muito cépticos em relação ao futuro de uma tal transplantação. O primeiro motivo desse cepticismo reside na estrutura funcional do tecido nervoso, fundada em propriedades electroquímicas e secretórias dos neurónios e do seu modo de associação. Estas células limitam-se a regenerar as suas partes periféricas. Seria, portanto, necessário transplantar os centros. Mas, a admitir que se chegue a colocar um cérebro no lugar de outro no espaço cerebral respectivo, será ainda necessário preencher as condições seguintes: manter a actividade dos contactos e ligações no cérebro do dador na ausência de estimulações periféricas, restabelecer em escassos minutos o afluxo sanguíneo que, pela carótida interna, se distribui às meninges, suturar todos os cotos de nervos cranianos, inclusive dos nervos sensitivos, obter uma regeneração das fibras descendentes a partir dos centros transplantados e das fibras ascendentes a partir dos neurónios situados na medula e gânglios raquidianos — regeneração que visa uma conexão correcta das diversas vias! Entre as inúmeras impossibilidades assim destacadas, sublinhamos, pelo menos, a regeneração das fibras que chegam aos centros a partir dos receptores sensoriais: uma secção do nervo óptico ou do nervo auditivo conduz a uma cegueira ou a uma surdez irremediável, se bem que, separadamente, o olho e o cérebro estejam intactos. Os neurónios ganglionares da retina não reproduzem os seus axónios para que eles se religuem à sua conexão do tálamo. Eis porque, feitas bem as contas, pareceria mais simples transplantar o conjunto da cabeça; mas como conseguir então uma «reabitação» dos feixes de fibras da medula ao menos até às primeiras ligações? Sem falar da junção de todas as estruturas vasculares, musculares e nervosas que passam pelo istmo do pescoço... Ainda aí, basta um único escolho: todas as funções vegetativas estariam em parte desembraiadas do seu comando e do seu controlo pelo sistema simpático e parassimpático que, apesar da sua designação de autónomo, não deixa de possuir também os seus centros no tronco cerebral. As experiências deste tipo todavia citadas não passaram, na realidae, da constituição de quimeras temporárias — um organismo completo que recebe uma cabeça, e não propriamente transplantações.

Se me é permitido sonhar em limites razoáveis, poder-se-ia, com rigor, considerar a possibilidade de efectuar enxertos em certas fases do embrião, beneficiando assim simultaneamente do poder de regulação acima citado e do facto de o sistema de defesa não se encontrar ainda instalado.

O homem continua a evoluir?

Os documentos — e começam a ser abundantes — que nos permitem reconstituir a evolução biológica do grupo de primatas de onde saiu a matriz humana revelaram-nos que a aquisição de certo número dos caracteres fundamentais do homem foi rápida, e que se sucederam e até encontraram formas que marchavam já em posição erecta e iam ao ponto de utilizar as mãos para fabricar utensílios rudimentares. O homem de tipo actual aparece há quase quinhentos mil anos, e a partir de cento e cinquenta mil a duzentos mil anos não parece possível detectar modificações essenciais no esqueleto. Estamos de acordo em dizer que a evolução parou, ou, mais exactamente, se estabilizou desde que o volume cerebral franqueou os limites de variabilidade conhecidos actualmente na espécie humana. Daí se pode deduzir que as pressões selectivas, que até então implicam certas transformações orgânicas, deixaram de desempenhar um papel essencial na capacidade de sobrevivência dos homens. Mas seria falso concluir daí que um equilíbrio perfeito tenha sido atingido entre as capacidades da espécie e as necessidades decorrentes do confronto com o meio. O desaparecimento aparente dos efeitos biológicos destas pressões selectivas podia ser devido a uma retracção considerável da variabilidade da espécie e, portanto, das possibilidades de desvio para um outro tipo de organismo, no sentido de uma nova espécie. Ora a taxa de variabilidade da espécie humana é, pelo contrário, absolutamente comparável à de outras espécies actuais que pertencem, no entanto, a grupos que prosseguiram a sua evolução biológica (os roedores, por exemplo). Paradoxalmente, não sofrendo evolução no seu organismo biológico, o homem revelou a mais espectacular evolução, comparada à dos outros mamíferos, no plano da sujeição do meio e da independência em relação às variações externas. E não é precisamente este aumento de liberdade que nos aparece como uma tendência ao longo da evolução dos seres vivos? Há que admitir, então, que os mecanismos desta evolução no homem se tenham deslocado para um domínio que não exerce influência sobre o organismo: o domínio social. O aparecimento de um certo nível de complexidade na organização cerebral permitiu o domínio de uma linguagem articulada. É a condição da comunicação imediata que descreve acções complexas passadas, presentes ou futuras, mas também da transmissão total das experiências e das aquisições do grupo. À transmissão lenta e inerte das modificações hereditárias veio acrescentar-se a transmissão cada vez mais rápida das técnicas e das tradições. Diferentes aspectos do comportamento foram substituídos pelas suas imagens socializadas, e os aspectos do comportamento dos primatas não humanos que se encontram no homem não têm necessariamente, por esta razão, o mesmo significado no quadro das sociedades humanas.

É difícil saber em que época se efectuou esta transferência. Talvez tenha ocorrido diversas vezes. É, pelo menos, o que deixa supor a coexistência do famoso homem de Néanderthal e de nós mesmos, já que os vestígios culturais do que se tende a considerar como duas categorias zoológicas um pouco diferentes são quase do mesmo nível.

Existem ainda outras singularidades do grupo humano para reforçar esta hipótese de uma continuação do biológico no social, com as suas leis distintas: a espécie humana invadiu, desde há longa data, toda a espécie de meios de exigências ecológicas muito diversas, desde o Grande Norte até aos desertos quentes. Enquanto as práticas agro-pastoris não atingiram níveis muito elaborados, o empreendimento foi efectuado por pequenos grupos, limitados pelos recursos imediatamente disponíveis. Estas condições constituem o esquema ideal para que intervenha um processo de «deriva» genética e de separação em unidades biológicas não fecundas entre si (espécies). Ora, não se criou nenhum mecanismo biológico de fraccionamento da espécie. Pode supor-se que, ao menos para certos membros dos grupos, a viagem ao acaso da descoberta foi uma característica da vida humana e que isso serviu para manter uma troca de genes no seio da espécie.

Não obstante, a selecção natural continua a sua obra sobre um material genético que não tem uma razão de ser estável: pelo contrário, a espécie humana é muito polimorfa. Esta selecção, que aparentemente chegou apenas a uma estabilização, exerce-se particularmente sobre essa metade da população mundial submetida hoje a condições talvez ainda mais brutais que as dos grupos pré-históricos de outrora. Opera maciçamente antes da idade da reprodução, introduzindo uma reprodução diferencial. No entanto, isso não impede a espécie de crescer a uma taxa inquietante, tendo em conta as degradações sofridas por todo o lado no meio natural. As capacidades de sobrevivência, sem dúvida ligadas à grande variabilidade genética, mantêm-se assim no homem. Chegados a este ponto, somos tentados a interrogar-nos se a capacidade de se reproduzir coincide no homem com a posse de caracteres benéficos para a espécie. As respostas são muito diferentes, mesmo opostas, consoante duas premissas: quais são, por um lado, os caracteres considerados benéficos para a espécie humana? Que importância relativa se deve atribuir, por outro lado, à transmissão destes caracteres por processos genéticos em relação aos processos sociais? Vale o mesmo dizer que as respostas são precisamente função, em grande parte, destes factores especificamente humanos que constituem o quadro social e o projecto social daqueles que as emitem. Abre-se assim um debate inteiramente estéril quando apresentado de maneira exclusiva, uma vez que este género de bipolaridade escolástica, inato contra adquirido, sai do domínio do raciocínio científico.

A evolução está nas nossas mãos

Admitindo que a evolução biológica estabilizou no homem, podemos então considerar que o nosso futuro reside unicamente nas nossas mãos? Para além de algumas reparações e pequenos arranjos mecânicos, podemos considerar que chegávamos a modificações reais no entrosamento das estruturas descritas? Com um fim preciso, a adaptação a condições de vida totalmente diferentes, por exemplo, criadas por nós próprios, uma adaptação de tal modo urgente que não poderíamos confiar na subtileza um tanto lenta dos mecanismos biológicos. Mas ser-nos-ia necessário, pelo menos, conhecer melhor as regras de organização.

Cada organismo é um todo espantosamente coerente e, como dizíamos no princípio desta obra, a perda desta coerência foi, desde a mais alta antiguidade, associada à doença e à morte. Onde reside a unidade do organismo? A resposta a esta questão foi, durante muito tempo, associada à doutrina vitalista, último bastião do pensamento pré-científico. A força vital bastava então para justificar a atração das partes constitutivas dos seres vivos. Falou-se também de movimento, e Cuvier podia escrever, em 1800, ainda impregnado do pensamento do século que acabava de se encerrar: «Este movimento geral e comum de todas as partes é de tal modo responsável pela essência da vida que as partes separadas de um corpo vivo não tardam a morrer, uma vez que não possuem movimento próprio e mais não fazem que participar do movimento geral que produz a sua reunião, de modo que, segundo a expressão de Kant, a razão da maneira de ser de cada parte de um corpo vivo reside no conjunto, ao passo que nos corpos brutos cada parte a possui em si mesma.» Toda a obra do grande anatomista assenta precisamente na investigação das correlações entre partes, associadas necessariamente à obra de conjunto. Compreende-se por que Claude Bernard foi neste ponto tão severo para com Cuvier — e para com a anatomia comparada em geral — que ele reduzia à visão estática e anti-histórica que esta poderosa personagem havia imposto de maneira autoritária aos seus contemporâneos. Com efeito, esta concepção, negando a existência própria das partes, interditava a experimentação, cortava o caminho a toda a aproximação que visasse compreender, pouco a pouco, o funcionamento orgânico. A fisiologia, com Claude Bernard, partiu assim, resolutamente, de bases contrárias: as da independência das partes; conhece-se o sucesso desta escola de medicina experimental. Manteve-se muito tempo afastada da zoologia e das ideias evolucionistas, limitando-se a tratar dos fenómenos vitais e não da história da vida. Mas, paradoxalmente, já não se ocupando dos órgãos mas das funções respectivas, iria pouco a pouco desimpedir as grandes linhas destas ligações coordenadoras, até então misteriosas, entre as diversas partes do organismo. Já a noção de «meio interno» de Claude Bernard abria uma via totalmente nova na concepção da unidade orgânica. Utilizados posteriormente numa perspectiva histórica, os resultados da fisiologia revelam-se altamente esclarecedores.

Tem sido difícil, hoje em dia, traçar limites tão nítidos entre as disciplinas biológicas. Assim, o estudo do desenvolvimento do embrião enquadra-se simultaneamente na anatomia e na fisiologia, na medida em que as mudanças incessantes que produzem a construção do organismo constituem, em si mesmas, fenómenos fisiológicos e é necessário descer até ao nível da química intracelular para surpreender os respectivos agentes. Identicamente, quando se pretende comparar entre si modalidades adptativas de animais diferentes num mesmo meio, é necessário recorrer a técnicas de abordagem pertencentes a diversas disciplinas, exigindo algumas a observação e a experimentação no próprio meio — «sobre o terreno», como soe dizer-se. Embora frequentemente a atenção seja mais particularmente atraída para um órgão, ou mesmo um tecido ou uma categoria de células, é todavia o organismo inteiro, em acção no meio, que constitui o objectivo principal. Se o esquecêssemos incorreríamos no risco de cair no reducionismo, que pretende explicar o todo pela ínfima parte.

Não restam dúvidas de que o nosso espírito tende um pouco para esta equação bizarra em que o todo é mais do que a soma das partes, em que a quantidade passa à frente da qualidade. Eis por que se viram surgir interpretações «associativas» do organismo. No século passado, um zoólogo eminente, Edmond Perrier, que estudara a fundo os animais aquáticos que vivem em colónias, como os polipeiros e as medusas, ou as esponjas, emitiu a hipótese de uma origem colonial de seres complexos como os vertebrados. Segundo ele, o homem resultaria de uma associação em linha de unidades primitivamente independentes. Assim se explicariam a simetria bilateral, a polaridade antero-posterior e a repetição segmental, cujo papel eminente na construção do corpo já várias vezes evocámos, tanto ao longo da evolução como no seu desenvolvimento em cada geração. Esta teoria parece actualmente um pouco ingénua. Todavia, o facto é que ela procurava integrar todas as noções descobertas na sua época sobre a divisão do trabalho fisiológico a partir das camadas primordiais do embrião, sobre a repetição de partes homólogas e sobre a adaptação recíproca de partes associadas. Fazia uso também dos princípios de luta pela existência e da selecção natural enunciados por Darwin que, segundo Perrier, não eram mais que as consequências «da associação forçada em que são mantidos, no globo, os seres vivos». A descoberta feita alguns anos antes, segundo a qual os líquenes não eram mais do que uma associação entre uma alga e um cogumelo, iria reforçar a sua convicção.

As descobertas dos mecanismos da hereditariedade, e depois da sua base material, anularam esta curiosa tentativa para encontrar as leis da organização. Mas a tentação deste tipo de explicação manteve-se viva, pois, em 1975, um parasitólogo americano propôs uma teoria genética da complicação dos organismos pela associação de moléculas de ácido nucleico, de partículas virais, no seio do mesmo núcleo, para constituir hibridações entre potencialidades genéticas (genomas*) diferentes. Os elementos da sua demonstração, muito documentada, foram tirados de exemplos do fenómeno que se chama simbiose, cuja manifestação ele estende até ao nível dos genes. Ora, sabe-se presentemente que é efectivamente possível modificar o genoma de um microrganismo «enxertando-lhe» ou substituindo-lhe fragmentos de A. D. N. pertencentes a outro (manipulações genéticas). É desta maneira que se pode fazer uma bactéria e fabricar uma enzima que ela não era «naturalmente» capaz de sintetizar. Até à data, tais factos, ainda que ofereçam um aspecto algo sensacional, permitem apenas supor uma maior gama de processos próprios para criar a variabilidade dos seres, mas não modificam em nada os mecanismos conhecidos da selecção que se efectua desde que o ser se acha confrontado com o meio exterior. E, sobretudo, não permitem entrever as causas da organização ao seu mais alto nível de complexidade. Por várias vezes evocámos este encadeamento cujo programa genético é decerto o incitador mas cujos elos aparecem em condições que, em cada fase progressiva, são diferentes. Vimos que cada resposta constitui, por sua vez, um nova questão, posta em novos termos de probabilidade, e que os riscos de desvio da trajectória são constantes. O organismo finalmente constituído é um produto de exemplar único, que tem de enfrentar ainda, com as suas qualidades particulares (fenótipo), uma grande quantidade de obstáculos, antes de se reproduzir, isto é, de transmitir apenas uma escassa parcela das suas qualidades. Toda a arte do criador, e ela é milenária, consiste em controlar o acaso: quando se trata de animais, associando sistematicamente por via sexual genitores com as mesmas qualidades, colocando-os em condições tamponadas, constantemente mantidas; quando se trata de plantas capazes de se multiplicar por estaca isolando linhagens (clones) que mais não são que o mesmo indivíduo repetido até ao infinito. Mas isso não cria nada e não faz mais que limitar a variabilidade para fixar temporariamente um tipo de organismo com qualidades definidas pelo homem. Na maior parte dos casos, os tipos domésticos mantidos deste modo, por esforço constante, sob a forma de linhagens, são incapazes de vencer as dificuldades naturais encontradas pela sua espécie de origem, e desaparecem ou não absorvidos pela forma selvagem, se ela ainda existe.

Poderemos considerar que num tempo próximo, pelo jogo de manipulações do genoma, a «domesticação» se faça a montante, sobre os genótipos, e já não a jusante, sobre os fenótipos? Até à data só conseguimos determinar a produção de uma substância metabólica por um ser muito simples, mas sabemos que não há, propriamente, uma substância responsável pela forma complexa de um órgão, resultando este de um encadeamento de factos e da cooperação, rigorosamente coordenada no tempo, de vários agentes. Se se entrevêem as possibilidades teóricas de executar a partitura completa no teclado da molécula de A. D. N., as condições práticas são, por enquanto, irrealizáveis; acima de tudo, exigiriam um esforço desproporcionado para um resultado imprevisível.

Na realidade, ainda não estamos de posse das leis que presidem à organização dos seres, ainda que enormes progressos tenham sido realizados no conhecimento de determinados mecanismos intervenientes. É ainda impossível reproduzir experimentalmente, mesmo por simulação, o encadeamento dos acontecimentos que conduzem à realização de um ser vivo, e muito menos a sua transformação. Este velho sonho, a obra fundamental dos antigos, continua a ser, todavia, o único projecto de futuro para a humanidade. Não para «fabricar» seres, mas para controlar totalmente os fenómenos da vida. Neste sentido, as ciências biológicas deverão ascender ao primeiro plano nos séculos vindouros.

Com efeito, quer se tratasse de corrigir as insuficiências, os desvios no funcionamento do corpo humano ou, no outro extremo da cadeia, de aumentar a produção da energia fundamental, a que é acumulada em outros seres vivos consumíveis, só uma compreensão de todos os fenómenos vitais permitirá assegurar a sobrevivência de uma dezena de biliões de humanos. Mas seria ingenuidade acreditar, hoje em dia, que o pogresso dos conhecimentos científicos implicará automaticamente um acréscimo de bem-estar para a humanidade inteira. A história ensinou-nos a desconfiar do entusiasmo que os filósofos do século XVIII foram os primeiros a postular: as aplicaçõs técnicas da ciência criaram condições de vida desastrosas para a maioria dos homens do século XIX, condições que foram exportadas largamente para os países submetidos às nações industrializadas. No nosso século, deve-se-lhes o ressurgimento, pela ameaça de destruição total, de um terror universal comparável ao que assustava, de tempos a tempos, as populações do passado. Esta a razão por que, nestes últimos anos, se gerou uma vaga de rejeição da ciência, reacção que equivale a «lançar fora o bebé com a água do banho», sem proceder a uma análise em profundidade das causas destes desvios e recusando a dificuldade especificamente humana de encontrar o melhor caminho para controlar o seu destino. Esta atitude passiva representa provavelmente o maior perigo num momento em que se põe com acuidade o problema do reconhecimento do exercício da responsabilidade de cada um nas decisões que envolvem o futuro.

TABELA CRONOLÓGICA

ANTES DA NOSSA ERA	ACONTECIMENTOS BIOLÓGICOS	APARECIMENTO DE «ÓRGÃOS»
5 biliões de anos		
4,5	Consolidação da terra. — Condensação da água. — Formação de oceanos. — Atmosfera composta por metano, gás carbónico, óxido de carbono, gás sulfídrico e amoníaco. — Formação de substâncias organizadas em torno de átomos de carbono.	
4		
3,5	Primeiras móleculas vivas num banho de substâncias orgânicas. — Nutrição por fermentação.	Ácidos nucleicos. Catalizadores biológicos (enzimas).
3	Diversificação dos modos de nutrição.	
2,5	Captação directa da energia solar pelos organismos. — Utilização de substâncias minerais como matérias-primas. — Algas azuis. — Bactérias foto-sintéticas. — Aparecimento do oxigénio na atmosfera.	Pigmentos foto-sensíveis. Entrada em funcionamento das cadeias de enzimas responsáveis pelo metabolismo à base de glucose. Nutrição por respiração.
2		
1,5	Seres unicelulares (amibas, algas microscópicas...). Reprodução sexuada. Diversificação das formas vivas no sentido dos unicelulares gigantes.	Núcleo celular.
1	Divisão do trabalho fisiológico entre categorias de células agrupadas em tecidos. Seres pluricelulares (metazoários).	Duas camadas de células sobrepostas.
900 milhões de anos	Esponjas. — Algas. — Cogumelos inferiores. — Polipeiros. — Medusas. — Hidras. Ensaio de diversos tipos de simetria para o organismo.	Primeiro revestimento de elementos sensíveis e contrácteis. Saco digestivo.

ANTES DA NOSSA ERA	ACONTECIMENTOS BIOLÓGICOS	APARECIMENTO DE «ÓRGÃOS»
800	Vermes chatos. — Moluscos. Segmentação transversal dos organismos de simetria bilateral.	Terceira camada intermediária. Órgãos sensoriais complexos: olho em cúpula e olho em vesícula.
700	Vermes anelídeos. — Artrópodos. — Equinodermes. — (Ouriços e estrelas do mar). — Braquiópodos. — Ascídios.	Órgão de manutenção interna.
600	Primeiros restos atribuíveis a vertebrados (fragmentos de esqueleto dérmico).	Musculatura segmentada. — Rins segmentados. — Faringe segmentada.
500 450	Agnatos (vertebrados sem mandíbulas que se alimentam por filtragem, da água e da lama).	Couraça por ossificação da derme. — Sistema nervoso segmentado. — Cabeça primitiva. — Olhos laterais. — Olho médio. — Receptores das vibrações e do equilíbrio.
400	Primeiras plantas terrestres. Primeiros artrópodes terrestres (escorpiões). Gnatóstomos (vertebrados com mandíbulas). Primeiras formas de peixes.	Escamas dérmicas independentes. — Dentes. — Barbatanas. — Mandíbulas. — Glândula tiróide.
	Primeiros insectos. Primeiros tetrápodes (anfíbios de cabeça couraçada). — Saída das águas dos vertebrados. Primeiros insectos voadores.	Pele com funções respiratórias. — Membros articulados em três segmentos principais. — Coração de três cavidades. — Condução dos sons por um osso. — Novo rim. — Hemisférios cerebrais.
300	Primeiros amniotas: os répteis. Inclusão do meio aquático no ovo. Fecundação interna.	Escamas epidérmicas. — Pele impermeável. — Coração de quatro cavidades. — Órgãos sexuais externos.
250	Primeiras tentativas de independência térmica.	Articulação temporo-mandibular. — Condução dos sons por três ossos.

ANTES DA NOSSA ERA	ACONTECIMENTOS BIOLÓGICOS	APARECIMENTO DE «ÓRGÃOS»
200	Primeiros mamíferos. Aumento do tempo de permanência do embrião nas vias femininas. Relações crescentes entre jovens e pais. Domínio dos dinossauros. Diversas tentativas de bipedia.	Pêlos. — Três categorias de dentes de substituição limitada. — Laringe. — Coração duplo. — Pulmões alveolizados. — Glândulas mamárias. — Útero. — Placenta. — Córtex cerebral de seis camadas de células. Centros cerebrais do sonho.
150	Primeiras aves que evoluíram independentemente dos mamíferos a partir de uma matriz de répteis.	Penas. — Sacos aéreos. — Ossos pneumatizados.
100	Primeiras plantas com flores. Primeiros insectos recolectores.	
90		
80		
70	Primeiros primatas.	Órbitas limitadas atrás por uma parede óssea.
60	Diversificação dos mamíferos.	
50	Primeiros insectos sociais.	
40	Oligopiteco (primeiro «símio»). — Rinoceronte.	Dentadura com trinta e dois dentes.
30		
20	Ramapiteco. — Carnívoros. — Cavalos.	
10	Oreopiteco. — Elefantes. — Ruminantes.	Bacia e fémur de bípede.
7	Australopiteco. — Conquista da savana pelos hominídeos.	Mão com capacidade para fabricar utensílios.
3,5	*Homo habilis.*	
1,8	*Homo erectus.*	
700 000 anos 300 000	*Homo sapiens.*	
100 000 65 000	Homem de Néanderthal. Homem actual.	

GLOSSÁRIO

Abiogénio. Diz-se de uma substância química cuja formação não resulta da actividade de um ser vivo. Contrariamente ao que foi durante muito tempo admitido, como consequência de uma falsa lógica, substâncias «orgânicas», mesmo tão complexas como os prótidos, apareceram forçosamente antes das primeiras formas de vida. Esta hipótese tinha sido avançada há um século pelos filósofos materialistas, principalmente F. Engels.

Acústico-estato-lateral (sistema). Uma comunidade de princípios físicos de funcionamento, assim como de origem embriológica, permite reunir no mesmo sistema, próprio do conjunto dos vertebrados, mas tendo sofrido diversas adaptações, a linha lateral dos peixes, o órgão de equilíbrio e o órgão de audição.

Agnatos. Este termo descritivo, que significa desprovidos de mandíbulas, aplica-se a um conjunto de vertebrados que não possuem armadura esquelética susceptível de permitir movimentos da boca; esta mantém-se, por conseguinte, constantemente escancarada. Estes animais já só se encontram representados na natureza actual pelas lampreias, mas constituíram, sob formas pesadamente couraçadas, os primeiros estádios da evolução dos vertebrados. Cf. gnatóstomos.

Âmnios. Os embriões, constituídos em grande parte por água, desenvolvem-se num meio aquático que os transforma e lhes permite desenvolverem-se com um mínimo de constrangimentos. A conquista das terras emersas, e até de zonas desprovidas de pontos de água, permite supor uma adaptação prévia dos ovos: necessitam de conter uma amostra do meio aquático indispensável ao desenvolvimento embrionário. Os répteis foram os primeiros vertebrados a pôr ovos especialmente preparados contra a dessecação, graças a um envoltório que vem cobrir o embrião, criando uma bolsa líquida em que este se encontra mergulhado.

Arquipálio. Cf. hipocampo.

Australopiteco. Grupo fóssil de primatas cujos restos foram primeiro descobertos na África austral mas que revelaram, ulteriormente, uma distribuição muito mais vasta em África, pelo menos até à Etiópia. A participação deste grupo na origem da linhagem humana parece actualmente cada vez mais provável.

Autotrofia. Modo de funcionamento energético de uma parte dos seres vivos — na quase totalidade vegetais — pelo qual a energia solar é captada para permitir a síntese de substâncias orgânicas complexas, como a glucose, a partir de matérias-primas minerais —água, sais e gás carbónico—, ao passo que o oxigénio é rejeitado. Este funcionamento está actualmente na base de toda a vida na terra, na medida em que fornece, simultaneamente, os materiais orgânicos e o oxigénio necessários aos animais e a nós próprios.

Axónio. O axónio é o prolongamento da célula nervosa. Por vezes enorme em relação ao tamanho do corpo celular, conduz o influxo até à sua extremidade. Agrupados como os filamentos de um cabo eléctrico mas isolados uns dos outros, os axónios constituem feixes de fibras e de nervos.

Barbatanas. Os vertebrados aquáticos deslocam-se principalmente graças às ondulações do corpo prolongado por uma cauda. As barbatanas ímpares, isto é, situadas sobre a linha mediana, prolongam muitas vezes a superfície do corpo. As barbatanas pares desempenham a função de estabilizadores.

Bastonetes. Categoria de células foto-sensíveis da retina, situadas principalmente na superperiferia da superfície retiniana em relação ao eixo óptico. Os bastonetes ramificam-se em vários grupos sobre uma célula de ligação, o que diminui a precisão da informação quanto à análise da imagem mas aumenta a sensibilidade a uma luz fraca. Além disso, os bastonetes são colocados fora do circuito por uma iluminação forte que destrói o seu pigmento foto-sensível, a rodopsina. Constituem, assim, o receptor visual das fracas luminosidades.

Biocenoses. Conjunto dos seres vivos num meio dado, cujas relações criam uma comunidade que funciona como um todo.

Branquiomeria. Os vertebrados partilham com determinados invertebrados —como os vermes anelídeos— a característica de exibir uma segmentação transversal do corpo, ou metameria, pelo menos numa fase precoce do desenvolvimento. Na região da cabeça, esta segmentação assinala-se ventralmente pela sucessão dos arcos branquiais. Cf. metameria.

Braquiação. É o modo particular de deslocação de certos primatas nas árvores. Os membros superiores, os braços, são utilizados para passar de um ponto de suspensão para outro. É de certo modo o contrário da bipedia. Os gibões e os átelos constituem os melhores exemplos de braquiadores.

Cartilagem de Meckel. Parte inferior (ventral) do arco branquial que fornece o material das mandíbulas. A cartilagem de Meckel é, portanto, a armadura do maxilar inferior ou mandíbula, coberta por ossos dérmicos guarnecidos de dentes que acabam por a substituir completamente durante o desenvolvimento individual. A parte posterior da cartilagem de Meckel, vizinha da articulação do crânio, está ainda, no embrião humano, na continuidade do martelo e da bigorna, ossículos do ouvido médio que representam respectivamente o articular e o quadrado dos répteis, a «velha» charneira dos maxilares. Cf. palato-quadrado e columela.

Citoplasma. Nas células adultas o volume principal é constituído por uma espécie de geleia onde se banha uma parte mais densa, o núcleo, onde se encontra depositado o programa genético. Se o núcleo é indispensável à sobrevivência e ao funcionamento da célula, o citoplasma está longe de constituir um simples envoltório passivo. O citoplasma representa a parte activa da célula, lugar das reacções complexas da química celular e provavelmente do confronto entre as ordens do núcleo e os condicionamentos exteriores. É pois ao nível do citoplasma que as células revelam as suas especializações.

Cóanos. Com a saída das águas, as narinas externas situadas no focinho dos vertebrados convertem-se em vias de acesso do ar. Após a passagem nas fossas nasais, este penetra na cavidade da boca por dois orifícios, as narinas internas ou cóanos.

Cóclea. Também chamada caracol, esta parte do ouvido interno é um beco sem saída enrolado em hélice que contém uma rampa de células ciliadas banhadas por um líquido. É aí que as vibrações sonoras se transformam em influxo nervoso. Cf. órgão de Corti, endolinfa.

Cones. Categoria de células foto-sensíveis da retina, que se agrupam principalmente no centro de uma pequena superfície, no pólo posterior do olho, chamada mancha amarela. A este nível, cada cone está em relação com uma única célula condutora: é o ponto em que a imagem formada no fundo do olho sofre a análise mais fina. Eis porque, quando se faz sentir a necessidade de obter uma informação visual precisa, muitos animais e o próprio homem voltam a cabeça e os olhos de modo a fazer coincidir o eixo óptico do olho com a linha que une este órgão e o objecto. As modalidades de resposta dos cones aos diversos comprimentos de onda da luz fazem deles os receptores cromáticos, a fonte de análise das cores da imagem.

Cordão dorsal. Trata-se de uma vareta flexível formada por grandes células reunidas numa bainha, que percorre os embriões dos vertebrados de frente para trás por cima do tubo digestivo. Este órgão de manutenção pode substituir inalterado no adulto de certos animais, mas é geralmente substituído pela coluna vertebral.

Cordo-mesoblasto. Tecido embrionário formado pela diferenciação de células do mesoblasto que desempenha um papel considerável como guia e incitador na construção do organismo dos vertebrados. Dele derivam ulteriormente a coluna vertebral e uma grande parte da musculatura esquelética.

Coroideia. Um dos três invólucros que formam o globo ocular. O seu papel é nutritivo. A sua riqueza em vasos sanguíneos torna o olho vermelho quando, na sequência de uma anomalia genética, o indivíduo não fabrica melanina (albinismo).

Corpos estriados. Conjunto de feixes nervosos separados por feixes de fibras condutoras —donde a aparência estriada— situado na base do telencéfalo. Trata-se de uma zona que, de centro superior nos vertebrados primitivos, passa ao nível de *relais* no córtex cerebral dos mamíferos.

Crista neural. As partes centrais do sistema nervoso formam-se a partir de uma depressão em goteira da superfície embrionária (epiblasto) cujos bordos, ou cristas neurais, se reúnem para formar o tubo neural. Uma pequena parte do material destas cristas dessolidariza-se do tubo neural, em particular na região da cabeça, onde forma os placóides

Dendrito. Prolongamento ramificado do corpo da célula. Nas células nervosas os dendritos constituem outros tantos pólos de entrada para as mensagens.

Dentina. Tecido duro, mineralizado, que constitui o marfim, parte principal dos dentes.

Desmossomas. Pontos mais densos da membrana das células contíguas que asseguram a coesão de certos tecidos. Trata-se de uma espécie de soldadura local que conserva em cada célula toda a sua individualidade.

Diamante. O desenvolvimento dos jovens no interior de uma concha protectora constituiu um progresso evolutivo importante. Mas, no momento da eclosão, o jovem tem de ser capaz de partir este invólucro resistente. Para este efeito, uma protuberância situada na extremidade do focinho existe em numerosas formas animais: é o dente do ovo ou diamante.

Diencéfalo. Segunda parte do cérebro embrionário, saída da divisão do prosencéfalo. A este nível situam-se a glândula epífise, o hipotálamo e a porção nervosa da glândula hipófise.

Ectoblasto. Conjunto das células que constituem a camada superficial, o invólucro do embrião.

Ectotermia. Termo que designa os processos pelos quais os animais pecilotérmicos captam a energia calórica do meio ambiente para atingir o limiar de actividade das suas células, indispensáveis à sobrevivência.

Electro-olfactograma. A passagem do influxo nervoso numa fibra ou num nervo revela-se por uma variação do potencial eléctrico. O registo destes micropotenciais permite revelar a actividade nervosa em diferentes níveis do organismo; por exemplo, testar os limites de sensibilidade dos órgãos dos sentidos, como o olfacto.

Eleidina. Cf. queratinização.

Endolinfa. Líquido que enche os órgãos de equilíbrio e audição que constituem o ouvido interno. Nas partes responsáveis pelo equilíbrio (labirintos) é a inércia da endolinfa que cria a excitação das células ciliadas quando de uma aceleração. Na parte responsável pela audição (cóclea) a endolinfa transmite as variações sonoras da janela oval até às células sensíveis. Cf. perilinfa, labirinto, otolito.

Entoblasto. Conjunto das células associadas na formação da camada interna do embrião, que constituem em particular o esboço do tubo digestivo.

Epigenética. Em sentido moderno, as características epigenéticas do desenvolvimento são aquelas que não resultam directamente de um programa preestabelecido mas se determinam umas às outras segundo uma cadeia de acontecimentos em que cada um só é consequência do anterior. Tal processo oferece assim, ao mesmo tempo, um grau de liberdade maior em relação aos factores genéticos e uma maior precisão na formação de estruturas cada vez mais complicadas. Mas é também uma fonte possível de desvios para chegar a um resultado não conforme aos limites permitidos pela sobrevivência da espécie.

Epífise. Cf. olho pineal.

Esclerótica. Invólucro externo do globo ocular, formado por um tecido denso e elástico. Esta protecção foi, por vezes, reforçada em alguns animais do passado por um círculo de placas ósseas.

Espiráculo. Este pequeno orifício, situado de cada lado da cabeça dos tubarões, à frente da série das fendas branquiais, é o resto da bolsa branquial correspondente ao arco hioidiano. É o homólogo da abertura da cavidade timpânica nos vertebrados terrestres.

Esquamados. Os répteis são cobertos por uma epiderme fortemente impregnada de uma substância impermeável e pouco extensível, a queratina. Sendo o seu crescimento contínuo ao longo da vida, têm de se desenvencilhar periodicamente deste invólucro superficial. Nos lagartos e nas serpentes, a velha epiderme destaca-se periodicamente, na época das mudas, quer na totalidade, quer em fragmentos. Em consequência desta descamação periódica chama-se esquamados aos lagartos e serpentes.

Estribo. Este pequeno osso é o primeiro que nos vertebrados terrestres assegura a transmissão das vibrações sonoras aéreas desde o tímpano até ao líquido do ouvido interno. Deriva do elemento dorsal do arco branquial hioidiano dos vertebrados aquáticos primitivos. Nos mamíferos, dois outros ossículos vêm intercalar-se entre ele e o tímpano: o martelo e a bigorna, derivados da charneira do maxilar dos répteis primitivos, por conseguinte do arco branquial mandibular dos vertebrados aquáticos primitivos. Vê-se deste modo que, no decurso da evolução, o aparelho de captação dos sons (ouvido médio) se aperfeiçou por duas vezes à custa do material dos segmentos branquiais. Cf. palato-quadrado, cartilagem de Meckel.

Exosqueleto. Certos animais como, por exemplo, os caranguejos, alojam-se no interior de um revestimento duro, o exosqueleto, que não é uma mera protecção mas um conjunto de alavancas movidas do interior por músculos, e que lhes permite deslocarem-se. Para outros, entre os quais o homem, esta estrutura móvel e interna é recoberta por músculos motores; fala-se neste caso de «endosqueleto».

Exteroceptivo. Diz-se do conjunto dos dispositivos que cantam e transmitem aos centros nervosos as diversas informações provenientes do mundo exterior. Os órgãos dos sentidos constituem os receptores periféricos deste sistema. Cf. interoceptivo, proprioceptivo.

Faneras. Esta palavra grega, que significa «o que é aparente», é empregada para designar os produtos da pele que dão o aspecto exterior dos animais: pêlos, penas, mas também garras, unhas, cascos e cornos.

Fenótipo. Cf. genótipo.

Filogénese. Sequência de sucessos evolutivos que conduziu, no decurso da história geológica, a uma sucessão genealógica de formas vivas até às espécies actuais. A partir da comparação dos animais de hoje e de alguns restos fósseis testemunhos de épocas passadas, esforçamo-nos por reconstituir, com o máximo de probabilidade, as árvores que descrevem as relações de parentesco entre as formas vivas consideradas em linhagem ou *phylum*.

Flagelo. Diferenciação em forma de chicote que prolonga certas células móveis. São os batimentos deste flagelo que asseguram a deslocação em meio líquido de numerosos seres unicelulares, e também das células masculinas ou espermatozóides.

Fovea centralis. Pólo posterior do eixo óptico do olho, mesmo em frente da abertura da pupila. Nesta zona, a quase totalidade dos cones agrupa-se formando a mancha amarela da retina. Cf. cones.

Genoma. Conteúdo genético dos cromossomas. Cf. genótipo.

Genótipo. Os indivíduos de cada espécie são constituídos por biliões de células, todas procedentes de uma célula ovo cujo núcleo encerra metade do material genético de cada um dos pais. Este material representa o plano teórico de construção do organismo, ou genótipo. Durante o desenvolvimento, o genótipo exprime-se fazendo aparecer os caracteres correspondentes aos genes. Mas esta expressão, ou «fenótipo», é na realidade um compromisso entre a potencialidade do genótipo e as circunstâncias, no encadeamento de acontecimentos que separam o ovo do indivíduo acabado. Cf. epigenética.

Glândula uropigiana. Espécie de glândula sebácea, enorme, situada na base da cauda das aves. A sua secreção, espalhada pelo animal com o bico ao alisar a plumagem, torna-a impermeável.

Glicogénio. O glicogénio é para os animais o que o amido é para as plantas: uma espécie de concentrado de glucose, açúcar de base para o funcionamento das células.

Gnatóstomos. Às formas que se alimentavam de lama e pequenas partículas sucederam os vertebrados, cuja parte anterior do esqueleto branquial se converteu numa armadura articulada da boca. O protótipo do «peixe» apareceu nessa altura, e com ele a longa linhagem dos vertebrados de mandíbulas de que nós fazemos parte.

Gónadas. Termo geral que designa os órgãos onde se produzem as células sexuais, assim como uma parte das hormonas sexuais. A gónada macho chama-se testículo, a fêmea ovário.

Hipocampo. Zona do córtex cerebral, portanto do manto ou pálio, que aparece muito cedo no decurso da evolução e se vê em seguida afastada para longe da superfície pelo desenvolvimento dos hemisférios cerebrais.

Hipotálamo. Conjunto de centros nervosos situado ventralmente no pavimento da terceira cavidade ou ventrículo do cérebro, aproximadamente no centro da cabeça. É uma encruzilhada de integração de funções vegetativas e informações sensoriais e, por intermédio da glândula hipófise, um regulador da actividade das células.

Homotermia. Termo geral que designa as diversas modalidades que permitem a certos animais conservar no seu corpo uma temperatura constante, apesar das variações térmicas do meio ambiente.

Ictiose. Se a formação das células córneas é excessiva no decurso da vida fetal, a pele do recém-nascido terá um aspecto estalado, escamoso, de onde o termo ictiose, que alude à escama dos peixes.

Interoceptivo. Termo que designa o conjunto dos dispositivos de captação e transmissão para os centros nervosos das informações provenientes do tubo digestivo, considerado como a fronteira interiorizada entre o meio ambiente e o organismo.

Labirinto. Órgão de equilíbrio situado de cada um dos lados da parte de trás da cabeça. Trata-se de um conjunto fechado que contém um líquido e se compõe de duas partes: canais em arco de círculo reunidos numa base comum em ampola, que encerra concreções calcárias; células sensíveis que reagem ao deslocamento relativo do líquido. Este dispositivo informa assim o sistema nervoso central das variações de velocidade, das acelerações e, em primeiro lugar, graças à presença de concreções minerais densas na ampola, informa sobre a direcção do peso, isto é, «o fundo».

Lanugo. Conjunto da primeira geração de pêlos que cobrem o feto antes do nascimento.

Macrosmático. O sentido do olfacto intervém em graus diversos na vida dos vertebrados. Nos mamíferos, distinguem-se com o nome de macrosmáticos aqueles em que o olfacto constitui um sentido predominante. Possuem fossas nasais importantes, focinho alongado, e o seu encéfalo comporta bolbos olfactivos e um rinencéfalo muito desenvolvidos. Opõem-se-lhes os mamíferos microsmáticos, de que o homem faz parte.

Mancha amarela. Cf. cones, *fovea centralis*.

Marcha diagonal. Todos os vertebrados terrestres, até aqueles que são desprovidos de patas, como as serpentes, são descendentes de formas aquáticas cujas barbatanas pares deram origem a dois pares de membros articulados. Durante a marcha sobre o solo, a ordem de deslocamento destes quatro pontos de apoio, chamada marcha, parece ter-se conformado com o modelo mais geral observado na natureza actual, em que os pares diagonais, por exemplo a mão esquerda e o pé direito, estão mais estreitamente ligados no seu movimento que os membros situados do mesmo lado. Com excepção a este caso pode citar-se o elefante, que marcha a furta-passo, avançando ao mesmo tempo os membros do mesmo lado.

Mecanoreceptores. Receptores nervosos situados na pele, que reagem à deformação da cápsula conjuntiva onde estão contidas as terminações nervosas.

Meiose. No momento da fecundação, as células reprodutoras masculina e feminina contribuem cada uma com metade do material genético do futuro indivíduo. O seu núcleo contém, por conseguinte, apenas um exemplar de cada figura cromossómica do progenitor que as forneceu. No decurso da sua formação a partir das células maternas, tem lugar, efectivamente, uma divisão particular, a meiose: cada par de figura cromossómica desliga-se, encontrando-se os dois exemplares em células filhas distintas. A fórmula clássica 2 n, válida para todas as células do organismo, e que traduz o arranjo por pares das figuras cromossómicas, torna-se n para as células sexuais, graças à meiose.

Melanina. Substância química negra produzida por certas células do organismo, principalmente na pele.

Melanoblasto. Célula especializada no fabrico de melalina que, acumulando-se no citoplasma, confere ao tecido uma tonalidade escura.

Mesencéfalo. Parte média do cérebro, correspondente à segunda vesícula do jovem embrião, ao nível da qual se efectua uma curvatura importante. O mesencéfalo predomina nos vertebrados primitivos, em que os hemisférios cerebrais se acham pouco desenvolvidos.

Mesencéfalo. Quarta parte do cérebro embrionário, correspondendo ulteriormente ao estádio do cerebelo. Cf. rombencéfalo.

Mesoblasto. Camada intermediária do embrião, formada por células que se diferenciam entre o ectoblasto e o entoblasto.

Mesonefros. Patamar intermediário da evolução do rim, desaparece nos mamíferos, enquanto órgão produtor de urina, quando entra em funções o rim definitivo. Durante o nosso desenvolvimento, este «rim de réptil» está estreitamente ligado à formação das glândulas e das vias sexuais. O canal excretor do mesonefros (canal de Wolff) torna-se o canal deferente da gónada masculina (testículo). Cf. gónadas.

Metameria. Disposição repetitiva dos órgãos. A metameria caracteriza os seres de simetria bilateral, como os vermes anelídeos e os vertebrados que, pelo menos durante uma fase da vida, apresentam uma organização em que os principais órgãos se repetem em cada um dos segmentos dispostos em linha de frente para trás. Cf. branquiomeria.

Microsmático. Cf. macrosmático.

Mielencéfalo. Quinta parte do cérebro embrionário que corresponde, ulteriormente, ao estádio do bolbo raquidiano.

Miotoma. Parte futuramente muscular de um segmento metamérico. Cf. metameria, somita.

Misticetas. Divisão da ordem dos cetáceos que compreende as espécies em que os adultos não possuem dentes mas um sistema de grandes lamelas córneas que formam um filtro (barbas). São as baleias verdadeiras.

Mitótica (actividade). A construção do organismo efectua-se graças a uma divisão intensa das células que conserva, não obstante, a totalidade do programa genético. Este modo de divisão bastante complicado chama-se mitose. Conserva-se na maior parte dos tecidos do corpo adulto, mas com um ritmo variável medido pelo número de células em divisão por mil num momento dado.

Monofiletismo. A investigação das relações de parentesco entre as várias formas vivas actuais equivale a saber se se pode atribuir-lhes um ancestral comum mais ou menos próximo. De um conjunto de animais que possuem em comum um número maior de caracteres que não apresentam com outros — pode dizer-se que se trata de uma linhagem monofilética. Pode supor-se, com efeito, que os genes comuns foram transmitidos por um antepassado longínquo, na maior parte dos casos desaparecido. Na realidade, a análise é muito mais delicada, em consequência da própria evolução, porque os caracteres mais interessantes do antepassado são aqueles que, modificando-se de espécie em espécie, criaram os traços distintos de descendência. Trata-se então de recuar com o máximo de probabilidade na sequência destas transformações. Compreende-se assim que este domínio seja objecto de ásperas discussões.

Neotenia. Trata-se da aptidão surpreendente de algumas espécies animais para se reproduzirem numa altura em que o seu organismo se encontra ainda numa fase acentuadamente juvenil; por exemplo, no estádio do girino, nos anfíbios. As populações tendem então a ficar desprovidas de indivíduos verdadeiramente adultos, cujos caracteres já não têm ocasião de se manifestar. Este fenómeno desempenhou o seu papel na transformação rápida de determinadas espécies.

Neuromasto. Pequeno órgão receptor das vibrações em meio aquático, constituído por um agrupamento de células ciliadas. Os movimentos da água, perturbando a posição inicial dos cílios, desencadeiam a excitação das células. *Os neuromastos dispõem-se em linha sobre os lados da cabeça e do corpo dos peixes e das larvas de anfíbios.*

Neurónio. Uma das categorias celulares mais especializadas do organismo, constituindo a unidade funcional do sistema nervoso. Os neurónios desenvolvem ao máximo as propriedades de excitabilidade das células superficiais (epiteliais) de que derivam. O influxo nervoso electroquímico nascido no corpo celular é transmitido ao longo do prolongamento ou anóxio. Os neurónios não constituem mais de dez por cento das células do tecido nervoso. O resto compõe-se de células de manutenção e de nutrição.

Nidícola. Termo que designa os jovens que, em certas espécies de aves e de mamíferos, nascem num estado muito imaturo que os deixa completamente dependentes dos pais em relação à alimentação e protecção. O pardal doméstico e o rato são nidícolas.

Nidífugo. Termo que designa os jovens capazes de assegurar a sua alimentação e segurança desde o nascimento. O pinto doméstico é nidífugo.

Notocórdio. Cf. cordão dorsal.

Odontocetos. Divisão da ordem dos cetáceos que compreende as espécies que possuem dentes e, em todo o caso, jamais possuem barbas córneas. O golfinho é um odontoceto, da mesma maneira que o cacholote que, no entanto, só possui dentes no maxilar inferior. Cf. misticetas.

Olho pineal. É certo que os vertebrados possuíram, na origem, um «olho» médio situado na parte superior da cabeça. Subsiste ainda em certas formas actuais, como os répteis. A este órgão foto-receptor junta-se um tecido glandular que forma uma pequena glândula, a epífise ou glândula pineal, nos mamíferos recoberta pelos hemisférios cerebrais.

Oligopiteco. Fóssil descoberto no Norte do Egipto nos sedimentos terciários da época oligocénica e que prefigura os símios do mundo antigo.

Ontogénese. Conjunto dos fenómenos que se desenrolam durante o período de construção do organismo de um indivíduo de uma espécie. Cf. filogénese.

Oreopiteco. Primata fóssil que revela uma especialização inclinada para a vida arborícola.

Órgão de Corti. Formado por um conjunto de células que banham os seus cílios sensíveis num liquído (endolinfa), este órgão é responsável pela transformação das vibrações sonoras em influxo nervoso. É particularmente complexo nos mamíferos, onde se estende sob a forma de uma rampa helicoidal no interior do caracol do ouvido interno. Cf. endolinfa, cóclea, columela.

Órgão de Jacobson. O aparelho olfactivo, cujo receptor é constituído por células ciliadas situadas ao fundo das fossas nasais, compreende também um divertículo ventral, o órgão de Jacobson, que chega a ser completamente independente nos lagartos e serpentes. Este beco sem saída abre-se na parte anterior da base da boca por dois orifícios aos quais se vão aplicar as duas pontas da língua bífida destes animais. O lagarto ou a serpente «fungam», portanto, pelo vaivém da língua, que vem captar as partículas odoríferas no meio ambiente e as projecta no órgão de Jacobson.

Ossos dérmicos. O tecido ósseo que constitui o nosso esqueleto forma-se segundo duas modalidades, consoante as regiões do nosso aparelho de sustentação. Na primeira substitui-se a um modelo cartilaginoso (osso encondral), e na segunda edifica-se directamente a partir de tecido membranoso, principalmente nas camadas profundas da pele (derme). A carapaça das tartarugas pertence a este último tipo, e também a armadura dos primeiros vertebrados surgidos na era primária. Também os ossos que protegem o nosso cérebro se ligam a este tipo; na ocasião do nascimento não se encontram unidos, deixando entre os bordos intervalos membranosos, as fontanelas.

Osso etmóide. A sensibilidade do aparelho de olfacção é função da probabilidade de encontro de uma molécula odorífera com uma célula olfactiva. Por consequência, o aumento da superfície da mucosa olfactiva e a complicação do trajecto seguido pelo ar inalado são factores de amplificação da sensibilidade olfactiva. Tal é o papel desempenhado pelos estranhos ossos do etmóide, que dividem a corrente de ar em inúmeros filetes turbilhonantes. Além disso, a rica vascularização da mucosa transforma este labirinto em radiador que eleva a temperatura do ar.

Ostracoderme. Termo que designa, por vezes, os primeiros fósseis de vertebrados e que faz referência à sua armadura constituída por placas ósseas.

Otolito. Concreção mineral densa contida na ampola situada na base de cada órgão de equilíbrio (cf. labirinto). Solicitada constantemente pelo peso, esta pequena bola calcárea vai excitar as células sensoriais da ampola, dando a direcção do «fundo» aos centros nervosos.

Palato-quadrado. Parte superior (dorsal) do arco branquial que fornece o material dos maxilares. O conjunto palato-quadrado constitui, por conseguinte, a primeira armadura do maxilar superior, sobre a qual vêm colocar-se ossos dérmicos guarnecidos de dentes. O destino da porção traseira, que forma o osso quadrado, é absolutamente singular, tornando-se esta metade da charneira dos maxilares, com a outra metade, um osso condutor de sons no ouvido médio dos mamíferos. Cf. columela.

Pálio. Também chamado «manto», constitui uma cobertura de células sobre os centros nervosos dos corpos estriados dos peixes. O desenvolvimento dos hemisférios cerebrais pela dilatação dos ventrículos empurra o pálio para a periferia nos vertebrados terrestres. Constitui-se, então, um córtex cerebral que ganha uma importância cada vez maior através do pregueamento da superfície.

Panículo adiposo. Na camada mais profunda da pele acumulam-se gorduras. Assim se constitui, a partir do último mês de vida fetal, uma cobertura isolante no plano térmico.

Papilas gustativas. Estes feixes de células ciliadas dispõem-se sobre a face externa da cabeça dos peixes e sobre a língua dos vertebrados terrestres. O seu papel é transformar em influxo nervoso o contacto dos cílios sensíveis com certos tipos de substâncias químicas.

Partenogénese. Modo de desenvolvimento em que a célula sexual feminina (óvulo) edifica por si própria um novo organismo sem ter sido fecundada.

Pecilotermia. O nível de actividade dos animais é função das trocas e transformações químicas no interior das suas células, e a sua intensidade está ligada à temperatura. A pecilotermia define esta relação constrangedora que muitos animais sofrem em face da temperatura exterior. Nas regiões temperadas, estes animais (como as rãs, lagartos e serpentes) são incapazes de outra actividade que não tenha a ver com a simples sobrevivência, *au ralenti,* durante os meses frios. Cf. homotermia, ectotermia.

Perilinfa. Líquido que isola cada labirinto do resto da cabeça nos vertebrados terrestres. Cf. labirinto, endolinfa, otolito.

Placóide (escama). As escamas dos peixes formam-se pela colaboração da derme com a epiderme. Distinguem-se vários tipos consoante a forma e a natureza exacta dos tecidos duros que as compõem. Nos tubarões, as escamas dizem-se placóides. Parecem-se extraordinariamente com dentes, com uma cavidade nutritiva onde se aloja a polpa. De resto, no bordo dos maxilares destes animais pode observar-se a passagem das escamas aos tão temidos dentes.

Pronefro. Rim primitivo formado pela repetição segmental (cf. metameria) de elementos que compreendem cada um o seu canal excretor. O seu aparecimento é fugaz nos vertebrados terrestres: no homem desaparece ao fim da quarta semana de vida embrionária.

Proprioceptivo. Existe um conjunto de dispositivos que captam e conduzem aos centros nervosos as informações que se referem ao estado de funcionamento ou de repouso dos músculos, articulações, etc. Este sistema proprioceptor permite, por exemplo, a coordenação e adaptação dos movimentos necessários à deslocação em terreno acidentado.

Prosencéfalo. Tumefacção anterior, em forma de ampola, do tubo nervoso do embrião num estádio precoce da sua construção.

Proteu. Anfíbio que vive exclusivamente nas águas subterrâneas das cavernas jugoslavas. Este animal tem a aparência de um tritão comprido, desprovido de pigmentação e cego.

Queratinização. As células da pele formam-se em profundidade, sendo depois empurradas para a superfície pelas novas gerações. No decurso desta «subida» correspondente à sua vida individual, são sede de transformações químicas que conduzem à acumulação de uma substância impermeável, a eleidina ou queratina, por intermédio da queratohialina.

Queratohialina. Cf. queratinização.

Ramapiteco. Fóssil descoberto no Paquistão nos sedimentos do miocénio médio e que assinala nitidamente a aparição de um ramo de primatas que conduz ao que virá a ser a linhagem humana.

Rinário. Parte numa da extremidade do focinho dos mamíferos, na proximidade das narinas.

Rinencéfalo. No curso da evolução, esta parte do cérebro que está em relação com o órgão do olfacto é a primeira a mostrar células nervosas dispostas em camadas à superfície, formando o córtex cerebral.

Rodopsina. O primeiro pigmento retiniano que se descobriu, próprio dos bastonetes. É destruído pela luz e tem de ser regenerado a partir de um derivado da vitamina A. O seu estudo pôde servir de modelo para a compreensão do fenómeno foto-electroquímico em que assenta o funcionamento da retina.

Rombencéfalo. Parte posterior do cérebro embrionário que se divide posteriormente em duas partes, o metencéfalo e o mielencéfalo, que formam a transição com a medula espinal.

Saco vitelino. Durante os primeiros estádios da sua construção, o organismo dos vertebrados não é capaz de procurar, no meio, a energia de que necessita. O ovo contém, por conseguinte, as provisões para a viagem, fornecidas uma vez por todas pela mãe. Trata-se de um conjunto de substâncias muito nutritivas, o vitelo, contido num saco suspenso sob o embrião por um cordão de vasos sanguíneos. O amarelo do ovo de galinha mais não é que o vitelo. Pouco a pouco, é consumido e o saco mirra. De papel evidentemente muito reduzido nos animais vivíparos, uma vez que o alimento provém da mãe à medida das necessidades, o saco vitelino desaparece muito rapidamente.

Serotonina. Uma das numerosas substâncias químicas segregadas pelas células cerebrais. Esta intervém na produção do «sono paradoxal», em que os neurónios do córtex cerebral são desligados do mundo exterior e, entregues a si próprios, fabricam o sonho.

Sinapse. Trata-se da articulação entre uma célula nervosa ou neurónio e outra célula. Na extremidade da parte condutora da célula nervosa, a mensagem do influxo chega a um botão aplicado ao elo seguinte da cadeia de informação. Este pode ser um outro neurónio formando *relais,* ou uma célula que responda ao influxo por uma acção particular, contracção para a célula muscular ou secreção para outras categorias celulares. A sinapse é um interruptor electroquímico cujo funcionamento representa uma fase crítica na progressão do influxo nervoso. Certas substâncias são nocivas por bloquearem este funcionamento; por exemplo, os venenos vegetais contidos no curare e o veneno de certas serpentes.

Siringe. Órgão de vocalização das aves, situado na bifurcação dos brônquios e não, como nos outros vertebrados, na região superior da traqueia (laringe).

Somita. Depois de se desenhar, no embrião, a existência de um plano de simetria materializado por um tronco de sustentação, o cordão dorsal, vêem-se aparecer progressivamente, de frente para trás, à esquerda e à direita, maciços isolados de células chamadas somitas. É uma manisfestação da estrutura repetitiva do organismo, ou metameria.

Substância cinzenta, substância branca. As células nervosas ou neurónios estão concentradas em certos centros ou nós do sistema nervoso. Destes centros partem prolongamentos condutores do influxo, ou axónios, que estão geralmente embainhados numa substância isolante, rica em gordura, a mielina. As partes centrais parecem assim cinzentas, em comparação com o aspecto leitoso das partes condutoras que, de *relais* em *relais,* formam em seguida os nervos. Cf. axónio, neurónio.

Suídeos. Família de mamíferos herbívoros não ruminantes a que pertence o porco (em latim, *sus*).

Telencéfalo. Parte mais anterior do cérebro embrionário, formando um par de vesículas cujas cavidades se tornam, em seguida, nos dois ventrículos dos hemisférios cerebrais. Esta parte ganha cada vez mais importância ao longo da evolução.

Teratologia. Ciência que estuda os diferentes tipos de desvio que, intervindo no curso do desenvolvimento embrionário, produzem monstruosidades.

Vernix caseosa. Verniz esbranquiçado que cobre o feto, à nascença. É formado pela aglutinação das células mortas da pele e das secreções sebáceas.

BIBLIOGRAFIA SUMÁRIA

BARRINGTON (E. J. W), JORGENSEN (C. B.) (eds.), *Perspective in Endocrinology,* Academic Press, Nova Iorque, 1968.
BELLAIRS (R.), *Developmental Processes in Higher Vertebrates,* Logos Press, Londres, 1971.
BELLAIRS (A. d'A.), COX (C. B.) (eds.), *Morphology and Biology of Reptiles,* Linnean Society Symposium, Academic Press, Londres, 1976.
BERNARD (J.), LEVY (J.-P.), CLAUVEL (J.-P.), RAIN (J.-D.), VARET (B.), *Hématologie,* Masson, Paris, 1968.
CHANDEBOIS (R.), *Morphogénétique des animaux pluricellulaires,* Maloine, S. A., Paris, 1976.
GOODRICH (E. S.), *Studies on the Structure and Development of Vertebrates,* Dover, pub. Inc., Nova Iorque, 1958.
GOULD (S. J.), *Ontogeny and Phylogeny,* The Belknap Press of Harvard University Press, Cambridge, Massachusetts, 1977.
HECHT (M. K.), GOODY (P. C.), HECHT (B. M.) (eds.), *Major Patterns in Vertebrate Evolution,* Plenum Press, Nova Iorque, Londres, 1977.
JACQUARD (A.), *Eloge de la différence: la génétique et les hommes,* le Seuil, Paris, 1978.
JOUVET (M.) (ed.), *Neurophysiologie des états de sommeil,* Colloques intern. C. N. R. S., Paris, 1965.
LANGMAN (J.), *Embryologie médicale,* Masson, Paris, 1976.
LUCKETT (W. P.), SZALAY (F. S.) (eds.), *Phylogeny of the Primates. A Multidisciplinary Approach,* Plenum Press, Nova Iorque, Londres, 1975.
MARGULIS (L.), *Origin of Eukariotic Cells,* Yale University Press, New Haven, 1970.
MAYR (E.), *Populations, espèces et évolution,* Hermman, Paris, 1974.
OPARINE (A. I.), *L'origine de la vie sur la terre,* Masson, Paris, 1965.
PIRLOT (P.), *Morphologie évolutive des chordés,* Presses de l'Université de Montréal, 1969.
PROSSER (C. L.), *Comparative Animal Physiology,* W. B. Saunders Co., Filadélfia, Londres, 1950.
STEFANELLI (A.), *Anatomia Comparata. Morfologia dei Vertebrati,* Edizione dell'Ateneo, Roma, 1968.

Traité de zoologie, publicado sob a direcção de P. P. Grassé, vol. 12: *Généralités sur les vertebrés;* vol. 16 (seis fascículos): *Mammifères, morphologie,* Masson, Paris, 1954, 1968, 1969, 1971, 1972 e 1973.

VANDER (A. J.), SHERMAN (J. H.), LUCIANO (D. S.), *Physiologie humaine,* Mc Graw-Hill, Montréal, 1977.

WATERMAN (A. J.), *Chordate Structure and Function,* the Macmillan Company, Nova Iorque, 1971.

WILLIAMS (G. C.), *Adaptation and Natural Selection: A Critique of some Current Evolutionary Thought,* Princeton University Press, 1966.

YOUNG (J. Z.), *La vie des vertébrés,* Payot, Paris, 1954.

ÍNDICE

Págs.

INTRODUÇÃO 9

I — A PELE 15

As condições de aparecimento dos sistemas vivos. — Um problema de fronteira. — Uma origem dupla. — A epiderme. — A derme. — A dimensão histórica da pele. — Os antepassados encerrados numa caixa. — Aparecimento das escamas. — A saída das águas das «cabeças couraçadas». — A pele, órgão respiratório. — A era do corno. — Um impermeável para cada idade. — Viva a cor! — Invenção da cobertura. — Da garra ao casco. — As glândulas da pele.

II — AS SENSIBILIDADES DO CORPO 45

A percepção do mundo sensível. Os seus limites e função biológica. — As vibrações em meio aquático. — As vibrações em meio aéreo. — Regresso à superfície: a sensibilidade da pele. — Os sentidos químicos. — A sensibilidade à radiação solar. — O terceiro olho. — Estrutura do olho. — Evolução do olho. — As capacidades do sentido visual. — Sentidos que nos escapam. — A sensibilidade ao nosso próprio funcionamento.

III — OS ÓRGÃOS DO MOVIMENTO 71

Universalidade do movimento. — O papel fundamental do eixo vertebral. — A natação primitiva. — A saída para terra firme. — A significação evolutiva da locomoção. — O desenvolvimento do papel motor dos membros. — O predomínio da marcha posterior e as primeiras tentativas de bipedia. — A adaptação e as especializações. — História das mãos. — O homem começou por ter pés? — Posição da cabeça. — Reencontro com a coluna vertebral.

IV — A CAPTAÇÃO E UTILIZAÇÃO DA ENERGIA 95

Energética e evolução. — História dos maxilares. — A passagem para o ar livre. — A mudança de charneira para os maxilares. — A encruzilhada aero-digestiva. — O tratamento mecânico dos alimentos. — Uma sequência de dentições. — Diferentes dentaduras. — História e papel da língua. — As glândulas da boca. — Os diferentes estádios do tubo digestivo. — A «alimentação» gasosa. — Da difusão aos mecanismos respiratórios. — Alterações na «distribuição» do gás: a pequena circulação. — O lugar eminente do fígado.

V — O APARELHO CIRCULATÓRIO E IMUNITÁRIO 129

O coração reposto no seu lugar. — Porquê líquidos circulantes? — História do coração. — Uma bomba automática. — O sangue, do essencial ao pormenor. — As células sanguíneas, veículos e polícias. Imunidade e individualidade. — A reparação das fugas.

VI — O SISTEMA NERVOSO E HORMONAL 149

Atenção! Mais um mito. — A unidade celular do sistema. — Biliões de fábricas electroquímicas. — As grandes massas do sistema e a sua evolução. — Alguns exemplos do funcionamento cerebral. — Pode comparar-se a eficácia de vários seres? — O sistema hormonal. — Grandes linhas de evolução do sistema.

VII — OS ÓRGÃOS SEXUAIS 177

Sexualidade e sexualização. — História do aparelho genital. — A significação evolutiva dos órgãos genitais externos. — A viviparidade: um fim ou um meio? — A determinação do sexo e os seus pontos fracos. — A entrada em funcionamento do aparelho reprodutor. — O funcionamento dos órgãos sexuais e os ritmos naturais.

VIII — EXISTE UM FUTURO PARA O NOSSO CORPO? 195

Os grandes conjuntos anatómicos e funcionais. — Os limites na modificação e reparação. — O homem continua a evoluir? — A evolução está nas nossas mãos?

TABELA CRONOLÓGICA 209

GLOSSÁRIO 215

BIBLIOGRAFIA SUMÁRIA 229

Execução gráfica da
TIPOGRAFIA LOUSANENSE
para
EDIÇÕES 70
em Março de 1987

Depósito legal n.º 7781/87